Massengüterbahnen.

Von

Dr. Walther Rathenau

und

Professor Wilhelm Cauer.

Mit 1 lithographierten Tafel.

Springer-Verlag Berlin Heidelberg GmbH

Additional material to this book can be downloaded from http://extras.springer.com.

ISBN 978-3-642-50425-9 ISBN 978-3-642-50734-2 (eBook)
DOI 10.1007/978-3-642-50734-2

Softcover reprint of the hardcover 1st edition 1909

Inhaltsverzeichnis.

Dr. Walther Rathenau

Das Problem des Transports.

Das Problem.

Alle Erzeugung materieller Güter besteht in planvoller, der Materie aufgezwungener Ortsveränderung.

Gleichviel ob ein Eisenstück bearbeitet, eine Maschine montiert, ein chemisches Produkt erzeugt oder eine Pflanze gezüchtet wird: allemal handelt es sich um das Heranführen, Verteilen, Trennen oder Vereinigen chemischer Substanz zu gewollter Verbindung, Masse und Gestalt.

Richtet sich das Augenmerk auf den geregelten Hergang der Trennung und Vereinigung, so spricht man von Manufaktur und Fabrikation; betrachtet man die Überwindung der Entfernungen, so ergibt sich der Begriff des Transports. Die Industrie stellt sich die Aufgabe, beide Verrichtungsarten in immer weiterem Umfang zu mechanisieren: die Fabrikation durch Ausbildung des Maschinenwesens, den Transport durch Vervollkommnung der Verkehrsmittel.

Auf diesem Wege ist sie zur Massenerzeugung gelangt. Sie will, daß jeder Produzent nicht mehr nach Maßgabe seines Einzel- und Eigenbedarfs an Gütern tätig sei, sondern nach Maßgabe des Bedarfs aller Übrigen; es soll keiner für sich und jeder für alle arbeiten. Wenn also im Stande der älteren Güterproduktion jeder Haushalt sein eigenes Vieh schlachtete, seinen eigenen Flachs spann und webte, seine eigenen Kerzen zog und sein eigenes Bier braute, so verlangt der Grundsatz der Arbeitsteilung, daß aus zentralen Werkstätten bei möglichst ausgedehnter und ökonomischer Produktion ganze Landesteile, ja Länder und Erdteile mit spezialisierten Waren versorgt werden.

Welche Grunderscheinungen, sei es Übervölkerung, sei es wachsender Einzelbedarf, die Welt zur ökonomischen Uniformisierung ihrer Produktion zwingen, bei welcher alle Individualität der Erzeugung durch die Individualität der Auswahl nur unvollkommen ersetzt wird, ist hier nicht zu erörtern. Dagegen ist zu betrachten, wie durch diesen Prozeß alle Güter der Erde in enorme Bewegung geraten: denn von den entfernten Gewinnungsstätten strömen die Urstoffe zu den Zentralstellen der Verarbeitung, von diesen, nach mannigfachem Hin und Her durch die Werkstätten der Veredelung und Verfeinerung, verzweigen sie sich nach den Orten der Hauptverteilung, um schließlich, in kleine Partikel aufgelöst, nach den Einzelstellen des Verbrauchs zu rinnen. Der Kreislauf des Wassers ist das natürliche Vorbild dieser Bewegungserscheinung, die sich in dreifacher Progression steigert; indem sie nämlich wächst mit der Zunahme des Konsums, mit der Zunahme der Spezialisierung und der Verarbeitungsstätten, und mit der Zunahme der Zahl und Entfernung der Gewinnungsstellen.

So fordert die vorschreitende Industrialisierung immer zahlreichere und weitergestreckte Transporte, während zugleich jede neue Transportmöglichkeit eine weitere Verzweigung, Unterteilung und Generalisierung der industriellen Arbeit herbeiführt. Der industrielle Gedanke kann nicht ruhen, solange nicht alle auffindbaren Gewinnungsstellen der Erde nach dem Maße ihrer Ergiebigkeit und ohne irgendwelche andere Rücksicht ihre Materialien liefern; solange nicht diese Materialien an möglichst einer, und zwar der denkbar günstigsten Stätte verarbeitet werden, und solange nicht jeder noch so entfernte oder unbemittelte Reflektant zum Konsum herangezogen ist. Diese Aufgabe macht den Industrialismus zu einem Transportproblem.

Wie weit von diesem Endzustand die gegenwärtigen Gestaltungen entfernt sind, ergibt sich aus der Betrachtung der Einzelprodukte. Die bedeutendsten Rohmaterialien, Kohle, Eisenerz, Kalk, Zement, Bausteine, Holz, Kochsalz, Schwefelsäure, können kaum einige hundert Kilometer zurücklegen, ohne ihren Wert um ein so Beträchtliches zu erhöhen, daß ihre konkurrenzfähige Verwendbarkeit aufhört. Der Radius, den das Produkt im Bahntransport nicht überschreiten kann, ohne seinen Preis zu verdoppeln, beträgt für Schwefelsäure 500 km, für Steinkohlen 300 km, für Braunkohlen 44 km. Vereinigen sich Rohmaterialien im Zustand hoher Verteuerung an Orten noch so billiger Arbeitskraft, so ist die Entstehung einer gesunden Industrie unmöglich. Tritt an die Stelle dieses Mißverhältnisses ein anderes: die übergroße Entfernung vom Zentrum des Absatzes, so ist abermals jede industrielle Anstrengung vergeblich. So ist Industrie in heutiger Zeit in wahrem Sinne ein Bodenprodukt. Sie ist gezwungen, den wirtschaftlichen Schwerpunkt zu suchen zwischen den Gewinnungsstellen ihrer verschiedenen Rohstoffe, den Hauptstellen des Absatzes, den Orten billiger Naturkräfte. Ist dieser Schwerpunkt nicht benutzbar, sei es, weil es an Arbeitskräften oder an Transportmitteln fehlt, oder aus irgend einem anderen Grunde, oder sind die Stellen der Gewinnung zu entfernt, die Stellen des Konsums zu wenig dicht, so sagt man, das Land sei für die in Frage kommende Industrie nicht geeignet. Anderseits kann die Entdeckung und Ausnutzung eines ausgezeichneten industriellen Schwerpunktes auf Jahrzehnte hinaus wahre Monopole schaffen. Dies ist vornehmlich der chemischen Industrie geschehen, die in einem ihrer wichtigsten Zweige noch heute ausländischen Unternehmern tributpflichtig ist, weil diese durch ein unangreifbares Monopol der Lage die eingeborene Konkurrenz beherrschen.

Der Angriffspunkt.

Betrachtet man ganz allgemein den wirtschaftlichen Wettbewerb der Nationen, um sich zu fragen, auf welchen Faktoren die Entwicklung aller produzierenden Mächte und der Vorsprung der Einen gegenüber den Anderen beruhe, so ergeben sich folgende Kategorien:

1. Ideelle Werte. Diese bestehen in der Arbeitsamkeit, der Zuverlässigkeit, der Disziplin, der Initiative, der Lernbegierde und der Ausbildung der Volksgenossen. Diese ideellen Werte sind ein für allemal gegebene Größen, auf dem Physikum der Rasse und des Landes basierend, und nur langsamen, gelegentlich katastrophalen Änderungen unterworfen. Einer Einwirkung durch unmittelbare Maßnahmen sind sie nicht zugänglich.

2. Kapitalkraft. Sie ergibt sich aus der Vergangenheit des Landes, aus seiner geschichtlichen, politischen, kulturellen und wirtschaftlichen Entwicklung. In ihr konzentrieren sich sämtliche übrigen produzierenden Faktoren, soweit sie in früheren Perioden zusammenwirken und sich ungestört summieren konnten. Die Kapitalkraft ist eine stetig sich bewegende Größe, die abgesehen von Krieg und höherer Gewalt ruckweisen Änderungen nicht unterliegt.

3. Arbeitskräfte. Hier handelt es sich in erster Linie um Reichhaltigkeit; bei weitem nicht so sehr, wie man annehmen möchte, um Wohlfeilheit. Ungewöhnliche Billigkeit der Arbeitslöhne ist nicht das Symptom eines wohlhabenden, sondern eines wirtschaftlich zurückgebliebenen Landes. Immer wird bei entwickelten Arbeitsmethoden der gut bezahlte, gut ernährte und gut ausgebildete Arbeiter mit dem billigen, notleidenden und abgestumpften Nebenbuhler erfolgreich konkurrieren — womit freilich nicht gesagt ist, daß durch rapide Lohnerhöhung die Qualität im Handumdrehen gehoben wird. Gut belohnte

Arbeit wird aber einen weiteren Faktor von ausgezeichneter Bedeutung mit sich führen, nämlich

4. Konsum. Da die handelspolitische Tendenz unserer Zeit den Export erschwert und die Exportware zur wenig lohnenden Auffüllung der Werkstätten verurteilt, so entscheidet der Umfang des inländischen Verbrauchs über Größe und Zentralisation, Spezialisierung und Arbeitsmethoden der Industrie. Nordamerika, ein Land hoher Löhne und großen Konsums, befindet sich in einer weitaus vorzüglicheren industriellen Lage als etwa Deutschland mit seinen schlechter bezahlten und weniger konsumfähigen, wenn auch durchaus intelligenten Arbeitskräften.

Daß auch diese beiden zusammengehörigen Faktoren: Arbeitskräfte und Konsum, einer willkürlich korrigierenden Einwirkung nicht Raum geben, bedarf keiner Erwähnung. Anders verhält es sich mit dem letzten Kräftepaar:

5. Materialbeschaffung, Energiequellen und

6. Transportverbindungen. Auf den ersten Blick will es so scheinen, als sei keine Produktionsbedingung so sehr mit den Fundamentaleigenschaften, dem wahrhaften Physikum des Landes verwachsen, wie die Gewinnung des Rohmaterials, denn dieses bildet einen materiellen Teil der Erdkruste oder ihrer Oberfläche. Indessen ist zu erwägen, daß gewisse Rohprodukte, und zwar höchst wichtige, wie Kohle, Kalk, Sand, Salz, Ton, Holz, Erze, Getreide, in nahezu allen großproduzierenden Ländern vorkommen, wenn auch nicht in gleichem Reichtum und vor allem nicht immer an den zur Bearbeitung geeignetsten Stellen; des ferneren, daß fast alle diese Länder Seeküsten haben, und daß sie somit die ihnen fehlenden Stoffe zum mindesten bis in ihre Häfen mit geringen Frachtaufschlägen und zollfrei gelangen lassen können, wobei die Weltkonkurrenz sie gegen Überteuerung schützt. So ist denn nicht die Beschaffung der Materialien selbst der Gegenstand der Sorge, sondern vielmehr die Schwierigkeit ihrer Vereinigung. Gewaltig bevorzugt erscheinen daher diejenigen Länder, die durch natürliche Verkehrsstraßen und enge Nachbarschaft der Fundstätten ausgezeichnet sind.

Dennoch ist die Frage der Transporte, deren Bedeutung für den industriellen Mechanismus wir erkannt haben, selbst für frachtlich mittelmäßige Länder durchaus keine solche, die sich grundsätzlich der Ausgestaltung, Förderung und Reform durch bewußt-spontane menschliche Unternehmung entzieht. Hier vielmehr ist der Punkt gegeben, und zwar der einzige, von dem aus das industrielle Gleichgewicht der Welt organisatorisch bewegt werden kann; sofern es nämlich gelingt, Transportmethoden zu schaffen, die den heutigen ökonomisch überlegen sind. Physikalisch betrachtet, bedeutet die Lösung dieser Aufgabe die Verminderung des Reibungsverlustes bei der Güterzirkulation, somit eines Faktors, der gegenwärtig einen bedeutenden Teil der menschlichen Produktionskraft kompensationslos zerstört. Keine Warengattung könnte sich der Verbilligung entziehen, die aus solcher Widerstandsverminderung hervorginge, ja es müßte eine selbsterregende Steigerung der Wirkung insofern entstehen, als der Konsumanteil des Einzelnen sich unmittelbar erhöht fände und hierdurch vermehrte Produktion und abermalige Verbilligung erzielt würde.

Setzt man den Fall, daß Deutschland, trotz schlechter Lage und mittelmäßigen Materialreichtums ein Produktionsgebiet ersten Ranges, in ost-westlicher oder nord-südlicher Richtung plötzlich in praktischem Sinne frachtfrei gemacht werden könnte, so wäre die wirtschaftliche Wirkung dieses Ereignisses nicht abzusehen. Nicht allein, daß alle bestehenden Industrien sofort unter weit verbesserten Bedingungen arbeiteten und ihren Absatz auf ein Vielfaches des gegenwärtigen Areals im In- und Auslande ausgebreitet sähen; daß somit auch ihre Konkurrenzfähigkeit dem Weltmarkt gegenüber sich gewaltig, und auf den Produktionsumfang rückwirkend, steigerte: es wären vielmehr auch die Existenzmöglichkeiten für zahlreiche neue Industrien gegeben, die jetzt aus geographischen Gründen versagen; und gleichzeitig wäre die Industrialisierung derjenigen gut bevölkerten Landesteile, wie etwa des preußischen Ostens gewonnen, die gegenwärtig aus Kargheit der Rohmaterialien und des Konsums unterbleibt. Es scheint phantastisch und ist dennoch nicht übertrieben, wenn ernste Industrielle die Produktionsfähigkeit in einem praktisch frachtfreien Lande auf ein Vielfaches der gegenwärtigen veranschlagen.

Wollte man diesen Erwägungen die Besorgnis entgegenstellen, daß eine so wichtige Einnahme, wie die Eisenbahntransporte auf den Hauptlinien den Staaten ungeschmälert erhalten werden müsse, so beträte man damit einen Standpunkt ähnlich dem der Kellner in gewissen französischen Gasthäusern: sie suchen im Frühjahr den Fremden zum Konsum von Weintrauben zu bewegen, damit aus einer Schädigung des Gastes um zwanzig Franken ein Gewinn von einem Franken in ihre Taschen wandere. Beim Übergang zu billigeren Transportmethoden könnte den Staaten auf einigen Hauptlinien wohl ein Bruttoausfall erwachsen (und auch dieser würde durch steigende Frachtmengen auf Haupt- und Nebenstrecken bald kompensiert sein), schwerlich aber ein Gewinnausfall. Denn den entgangenen Frachtgewinn des Staates könnten, selbst bei ungesteigerter Produktion, Industrie und Handel leicht durch andere Abgaben aufbringen, wenn die unfruchtbare Steigerung der Selbstkosten durch teure Transporte ihnen erspart bleibt.

Das Mittel.

Daß Schiffstransporte billiger sind als Landtransporte, gilt als ein ausgemachter Grundsatz, der durch unvordenkliche Erfahrung bestätigt scheint, und der durch die Einführung der Eisenbahnen als Haupttransportmittel der Erde nicht erschüttert wurde.

Wo daher im Binnenlande abseits von schiffbaren Flüssen eine bevorzugte Verkehrsstraße für massenhafte Güterbewegung eröffnet werden sollte, da suchte man, wenn die geographischen Bedingungen es gestatteten, Kanäle zu schaffen, und scheute weder die Höhe der Anlagekosten noch die Langsamkeit der Transporte, noch die winterlichen Unterbrechungen des Verkehrs.

Sucht man nun sich zu vergegenwärtigen, worin denn die grundsätzliche Überlegenheit der Kanäle, etwa im Vergleich gegen Eisenbahnen bestehe, so ergibt sich zunächst, daß flüssige Bahnen die Fortbewegung mit gleitender Reibung gestatten, während metallene Bahnen die Fortbewegung mit rollender Reibung verlangen. Unzweifelhaft erfordert die Überwindung der rollenden Reibung den höheren Kraftaufwand und somit größere Kosten. Aber bei näherer Prüfung ergibt sich, daß selbst beim Eisenbahntransport die reinen Kosten der Traktion, d. h. die Ausgaben für Kohle, Wasser, Schmiermaterial, Lokomotivlöhne, nur einen sehr kleinen Betrag des Gesamtaufwandes ausmachen, und daß somit eine Ersparnis auf diesem Konto so gut wie nichts bedeutet. In der Benutzung der gleitenden Reibung kann also ein entscheidender Vorzug der Kanäle nicht begründet sein. Liegt dieser Vorteil nun etwa in der größeren Kapazität der Transportgefäße? So scheint es, wenn man den Laderaum eines Schiffes mit dem eines Güterwagens vergleicht. Aber abgesehen davon, daß nichts die Eisenbahntechnik hindert, Wagen von erheblich größerer Leistungsfähigkeit, als bisher in Deutschland gebräuchlich, zu verwenden: es trifft dieser Vergleich an sich nicht zu. Die Einheit, die mit der Schiffseinheit in Vergleich treten kann, ist nicht der Wagen, sondern der Zug. Und hier will es wenig bedeuten, immerhin aber eher zugunsten des rollenden Systems sprechen, daß diese Einheit teilbar ist. Vor allem aber ist sie vermöge ihrer größeren Geschwindigkeit weit größerer Ausnutzung fähig und dabei nicht in dem Maße komplizierter und kostbarer, daß ihre Anschaffung und Unterhaltung den Kostenvergleich zugunsten der teueren Wasserbauten verschiebt.

So bleibt als letzte Überlegenheit des Kanals die Möglichkeit einer beträchtlichen Dichte des Verkehrs, und es resultiert die einfache Frage: gestatten rollende Transportsysteme, also etwa Eisenbahnen, eine den Kanalsystemen adäquate Frequenz oder nicht?

Daß die bestehenden Bahnsysteme, die gleichzeitig dem Personen- und Güterverkehr dienen müssen, in ihrer Transportfähigkeit eng begrenzt sind, da sie mit verschiedenartigen Geschwindigkeiten, mit großen Zugabständen und unter genauer Einhaltung der Fahrpläne arbeiten müssen, ist evident. Könnte man aus der Vogelperspektive die ganze Länge eines stark befahrenen Eisenbahngleises überblicken, so würde man auf der dunklen Linie in großen Abständen die Züge als kleine Punkte sich bewegen sehen. Auf der Strecke Berlin—Halle beträgt in diesem Augenblick die Gesamtlänge aller sich fortbewegenden Züge während der Zeit des stärksten Verkehrs nur $^1/_{30}$ der Länge der Bahn.

Nun wäre aber durchaus der entgegengesetzt extreme Zustand denkbar, daß nämlich nach Art eines Paternosterwerkes die ganze Linie von bewegten Transportgefäßen derart überdeckt wäre, daß die Zwischenräume nahezu verschwänden. Daß in diesem Grenzfall die Transportfähigkeit einer Eisenbahn ins ungemessene wachsen müßte, liegt auf der Hand; des ferneren, daß um sich der Grenze anzunähern, die Personenbeförderung ausgeschaltet, die Geschwindigkeit der Züge normalisiert und die Folge beschleunigt werden müßte.

Der Wunsch, diese Erwägung dem praktischen Bedürfnis nutzbar zu machen, ergab zunächst den Gedanken, Güterbahnen und Personenbahnen zu trennen; sodann für einen Moment die phantastische Vorstellung, ob es nicht möglich sei, auf einer Güterbahn die Benutzung nach Art einer Chaussee oder eines Kanals einzuführen, nämlich der Art, daß jeder Interessent das Recht erhielte, gegen Erstattung einer Weggebühr die Bahn mit eigenen Zügen zu befahren, wobei geeignetes Zugpersonal, gleiche Fahrtrichtung, mäßige Geschwindigkeit und gewissenhaftes Einhalten des Abstandes ausbedungen würde.

Schon eine vorläufige Schätzung erwies, daß es einer vom üblichen Bahnwesen abweichenden Betriebsweise nicht bedürfe, und daß, um eine der Kanalfrequenz erheblich überlegene Verkehrsdichtigkeit zu erreichen, eine Bahnbelastung genügt, die sich in durchaus praktischen Grenzen hält.

So war denn die Wahrscheinlichkeit gegeben, daß ein Eisenbahnsystem sich den Kanälen als ebenbürtig, vielleicht sogar durch Billigkeit der Erstellung und des Betriebes und durch Leistungsfähigkeit als überlegen erweisen würde, sofern es folgenden Bedingungen genügte:

1. Trennung des Gütertransports von der Personenbeförderung,
2. gleichmäßige Fahrgeschwindigkeit,
3. dichte Zugfolge,
4. Zugelemente und Züge von großem Fassungsvermögen.

Wollte man über diese Wahrscheinlichkeit hinaus zu einer Vertiefung des Problems oder gar zum Versuche eines Beweises gelangen, so reichte die generelle Erwägung nicht mehr aus, und es schien notwendig, an Hand eines der Wirklichkeit angepaßten Vorprojektes der Aufgabe praktisch sich zu nähern. Da nun der Gedanke mich nicht verließ, daß durch die Verfolgung und Diskussion meiner Idee der Industrie, wenn auch nur in späterer Zukunft, ein erheblicher Dienst geleistet werden könnte, bewog ich im Jahre 1904 drei befreundete Gesellschaften: die Berliner Handels-Gesellschaft, die Allgemeine Elektrizitäts-Gesellschaft und die Firma Lenz & Co., ein Studiensyndikat für die Bearbeitung des Güterbahnproblems zu bilden. Herr Regierungsrat Kemmann hatte die Freundlichkeit, sich für die Leitung des Syndikats mir anzuschließen und in sehr dankenswerter Weise die Arbeiten fördern zu helfen.

Anfänglich wurden die Untersuchungen von Herrn Regierungsbaumeister a. D. Neumann geführt; ihr Ergebnis bildet den Inhalt des als Anhang auszugsweise beigegebenen „Vorläufigen Gutachtens". Nachdem Herr Regierungsbaumeister a. D. Neumann durch bedeutende Aufgaben, die in den Kolonien seiner warteten, schon im gleichen Jahre gezwungen war, sich auf den Abschluß dieser Vorarbeiten zu beschränken, gelang es uns, Herrn Professor Cauer für die Fortführung der Untersuchung zu gewinnen. Seiner Arbeit, die den Hauptteil dieser Veröffentlichung ausmacht, verdanken wir eine nachhaltig begründete Beantwortung der Frage, ob technisch oder ökonomisch die Möglichkeit besteht, die Kosten der Gütertransporte weit unter das gegenwärtige Niveau herabzudrücken, ob ferner Kanäle oder Eisenbahnen hierfür das geeignetere Mittel bilden. Die Antwort lautet: *die Tarife lassen sich unter nüchternen Voraussetzungen auf die Hälfte bis ein Viertel der billigsten bestehenden Sätze reduzieren, und zwar durch den Bau besonderer Güterbahnen, die billiger, leistungsfähiger und rentabler sind als Kanäle.*

Die Anwendung.

Stellt man nun die Frage, welche praktischen Ergebnisse von der hier unternommenen Arbeit erwartet werden dürfen, so ist zunächst zu erwarten, daß von diesem Augenblick an eine Diskussion beginnt, die ausgehend von der elementaren Wichtigkeit der Transportverbilligung und von der unzweifelhaften Möglichkeit, sie durch neue Mittel zu erreichen, das Problem aus der Kompetenz einiger weniger Berufsarbeiter loslöst und es in die Hände aller urteilsfähigen Interessenten legt, die zur Erwägung und Mitarbeit aufgerufen werden. Diese Diskussion darf nicht aufhören, bevor auf dem einen oder anderen Wege die Lösung herbeigeführt ist.

Sodann sind zwei Möglichkeiten zu unterscheiden. Entweder es gewinnt die Ansicht die Oberhand — gleichviel ob richtig oder falsch —, bei geeignetem Betriebe oder bei korrekterem Ausgleich der Kalkulationen seien auch die bestehenden Eisenbahnen in der Lage, auf ihren Hauptlinien mit ähnlichen Tarifen zu rechnen; es sei somit die Errichtung besonderer Güterbahnen kein wirtschaftlicher Fortschritt. Dieser Fall wäre, so paradox es klingt, der erfreulichste, obwohl er der vorliegenden Arbeit den Stempel des Mißlungenen oder Überflüssigen aufzudrücken schiene. Denn es müßte über lang oder kurz eine erhebliche Herabminderung der Tarife auf den Hauptlinien erfolgen, gleichviel ob hiermit ein vorübergehender Gewinnausfall der Bahnen verbunden wäre. Mag man noch so entschieden den Standpunkt vertreten, daß Staatsfrachten eine Besteuerung enthalten sollen: es kann weder diese Besteuerung auf die Dauer ein Vielfaches des Wertes der Leistung ausmachen, noch kann eine Steuer so falsch lokalisiert bleiben, daß ihre Saugapparate um den empfindlichsten Teil eines Wirtschaftskörpers sich klammern und eine Entwicklung hindern, die frei expandierend ein Vielfaches dieses Steuerbetrages aufzubringen vermöchte.

Setzt man den zweiten Fall: daß die Meinung platzgreift, die Güterbahnen bedeuten einen wirklichen Fortschritt im wirtschaftlichen Leben, so ist keine Macht imstande, den Bau solcher Bahnen dauernd zu hindern. Während Kanalbauten größeren Umfangs nur unter schweren Opfern des Staates und der Provinzialverbände zustande gebracht werden können, würde die Finanzierung einer Güterbahn aus privaten Mitteln möglich sein, denn sie bietet die Wahrscheinlichkeit einer gesicherten Rentabilität. So gering die Aussicht sein mag, daß der Staat eine konkurrierende Privatunternehmung konzessioniert, so wahrscheinlich ist es, daß er selbst zu einem gewissen Zeitpunkt die Initiative ergreifen wird, um gleichzeitig eine rentable Unternehmung und ein volkswirtschaftlich notwendiges Werk zu schaffen.

Wann dieser Zeitpunkt eintreten könnte, läßt sich zwar nicht ermessen, aber vermuten. Auch unabhängig von der Frage der Güterbahnen bereitet die Teilung der gegenwärtigen Hauptbahnlinien in Parallelsysteme sich vor: denn wie der Güterverkehr nach erhöhter Frequenz verlangt, so verlangt der Personenverkehr nach Beschleunigung. In durchaus absehbarer Zeit wird die elektrische Fernbahn sich des Personenverkehrs bemächtigen und die zeitlichen Entfernungen halbieren. Die elektrische Fernbahn aber erfordert eigene Gleise ohne Kreuzungen sowie die Absonderung vom Güterverkehr, der sich somit eigene Bahnen suchen muß.

So werden voraussichtlich die beiden größten Umwälzungen, deren der Massenverkehr fähig ist, in engster Verknüpfung und zu gleichem Zeitpunkt erfolgen.

Daß das Prinzip der Staatsbahnen mit seinen großen und anerkannten Vorzügen nicht die Eigenschaften verbindet, die den frei konkurrierenden Industrien anerzogen sind: Lust zur Initiative und automatische Anpassung an die Bedürfnisse der Gesamtheit, ist evident. Die Filtration dieser Bedürfnisse durch das Ermessen einer Behörde und durch das Verantwortlichkeitsgefühl technischer Instanzen, die nicht unter der Pression wirtschaftlicher Nötigung und spekulativen Antriebes stehen, verlangsamt die Realisierung und vermindert den Nutzeffekt.

Trotzdem kann ein grundsätzlicher Fortschritt des Verkehrswesens dauernd nicht zurückgehalten werden; dafür sorgt die Konkurrenz der Nationen und die erstarkende öffentliche Erkenntnis des wirtschaftlich Notwendigen.

Professor Wilhelm Cauer

Denkschrift betreffend die Wirtschaftlichkeit besonderer Güterbahnen für Massentransport (Massengüterbahnen)

fußend auf dem Vorentwurf solcher Bahn vom Rheinisch-Westfälischen Industriegebiet nach Berlin.

Hierzu ein Vorentwurf

bestehend in { 1 Übersichtskarte 1 : 1 250 000
1 Längenprofil 1 : 1 250 000 / 1 : 1250

Vorwort.*)

Als vor mehreren Jahren Herr Dr. W. Rathenau die Frage an mich richtete, ob ich geneigt sei, über die Leistungsfähigkeit und Wirtschaftlichkeit besonderer Güterbahnen im Vergleich zu den bestehenden Eisenbahnen und zu Kanälen Untersuchungen anzustellen, und als er bei unserer Unterredung ausführte, warum nach seiner Überzeugung solche Güterbahnen zu einem Bruchteil der jetzigen Frachtsätze befördern könnten, da stand ich seinen Äußerungen mit gewissen Bedenken gegenüber. Zwar schien mir durch die Arbeiten von Ulrich, insbesondere durch sein Buch: „Staffeltarife und Wasserstraßen", erwiesen, daß die von den Kanalanhängern stets behauptete Billigkeit der Kanaltransporte in der Hauptsache auf wirtschaftlich unrichtiger Berechnung beruhte. Daß es aber möglich sein sollte, Massengüter auf besonderen Güterbahnen zu einem Bruchteil der bestehenden Eisenbahnfrachtsätze zu befördern, begegnete bei mir erheblichem Zweifel. Gleichwohl glaubte ich mich der gestellten Aufgabe nicht entziehen zu sollen. Berührte sie sich doch eng mit bisherigen Arbeiten, die seinerzeit zu einer Veröffentlichung in der Zeitung des Vereins Deutscher Eisenbahnverwaltungen geführt haben**).

Die Hauptschwierigkeiten der Aufgabe bestanden einmal darin, von den Betriebs- und Verkehrsverhältnissen solcher Güterbahnen durch sachgemäße Annahmen ein Bild zu gewinnen, und dann auf Grund der gemachten Annahmen die Beförderungskosten zu berechnen. Daß man bei der Berechnung nicht durch Entwicklung abstrakter Formeln, sondern nach dem Vorgange von O. Blum in seinen „Reibungsbahnen und Bahnen gemischten Systems" und M. Oder in seinen „Betriebskosten der Verschiebebahnhöfe" nur so vorgehen durfte, daß eine Anzahl verschiedener Beispiele durchgerechnet und aus den Abstufungen der Ergebnisse Schlüsse gezogen wurden, stand von vornherein

*) Geschrieben März 1909.

**) Zur Beschleunigung des Güterverkehrs und des Wagenumlaufs, Zeitung des Vereins Deutscher Eisenbahnverwaltungen 1906, S. 833, 849 ff.

fest. Aber wie sollte man in einer Frage, wo die besonderen Verhältnisse eine so große Rolle spielen, wie bei den Beförderungskosten, durch Beispielrechnung zu Folgerungen allgemeiner Art gelangen, ohne eine übergroße und in ihren Ergebnissen schwer vergleichbare Zahl von Rechnungen aufstellen zu müssen? Es galt, gegenüber den verwickelten Betriebs- und Verkehrsverhältnissen einer wirklichen Bahn vereinfachte Verhältnisse anzunehmen. Während in Wirklichkeit sich die Transporte über geringere und größere Länge erstrecken, während die Verkehrsstärke und die Ausnutzung der Wagen wechselt, während die Be- und Entladung mehr oder weniger Zeit in Anspruch nehmen kann, die Baukosten höher oder niedriger sein können, wurden der Rechnung gedachte Bahnen zugrunde gelegt, die in allen diesen Beziehungen einfache, starre Verhältnisse aufweisen. Diese einfachen starren Verhältnisse wurden so gewählt, daß sie überall Abstufungen und Grenzfälle nach oben und unten bildeten. Indem nun die Ergebnisse dieser Einzelrechnungen in allen möglichen Kombinationen in Tabellen zusammengestellt wurden, erhielt man als Endergebnis eine Reihe von Zahlen, zwischen denen die Betriebskosten wirklicher Güterbahnen liegen müssen. So entstand die Vorstudie, die als dritter Teil dieser Veröffentlichung abgedruckt ist.

Bei der Ermittlung der Beförderungskosten selbst wurde in zwei Beziehungen ein meines Wissens neues Verfahren beobachtet. Einmal wurde die Berechnung der Kosten für Lokomotivkraft, Lokomotivmannschaften, Lokomotivunterhaltung, Wagenunterhaltung, Baukostenverzinsung usw. überall bis zu dem Ergebnis des betreffenden Kostenanteils für die Beförderung einer Tonne Gut über die ganze Bahnlänge gesondert durchgeführt, um erst in der Tabelle der Ergebnisse alle diese Kostenanteile zu den Gesamtkosten der Beförderung einer Tonne Gut über die ganze Bahnlänge zusammenzustoßen. Ferner aber wurde in allen den Fällen, wo eine Einzelermittlung der Kostenanteile untunlich war, von den entsprechenden Gesamtkosten der preußisch-hessischen Staatsbahnen ausgegangen, und durch ein solches Bruttorechnungsverfahren eine gewisse Gewähr dafür erhalten, daß nicht wesentliche Kostenanteile unberücksichtigt blieben. Wo geschätzt werden mußte, geschah dies immer tunlichst zu ungunsten der Güterbahn. Das oben geschilderte Verfahren bietet einen doppelten Vorteil. Es ermöglicht jedem Fachmann, die Richtigkeit der Rechnung mit geringer Mühe nachzuprüfen. Es gestattet ferner, den Einfluß aller einzelnen Kostenanteile auf die Gesamtkosten klar zu erkennen und namentlich auch zu beurteilen, wie die Höhe jedes einzelnen Kostenanteils von dem

Beförderungsweg, von der gesamten Beförderungsmenge, von der Regelmäßigkeit des Verkehrs, von der Wagenausnutzung usw. abhängt, welche Maßnahmen also geeignet sind, die Beförderungskosten wesentlich herabzudrücken.

Auf Wunsch des Herrn Dr. Rathenau wurde sodann im Verfolg der Vorstudie der Vorentwurf einer Güterbahn vom Rheinisch-Westfälischen Kohlen- und Industriebezirk nach Berlin aufgestellt, und es wurden auch für diesen die Beförderungskosten ermittelt. Es sollte damit gewissermaßen die Probe auf das Exempel gemacht werden. Es sollte festgestellt werden, ob die etwas abstrakten Ermittlungen der Vorstudie Stich halten, wenn es sich um eine wirkliche Bahn handelt, und inwiefern sie etwa zu berichtigen waren. Die neue Ermittlung, bei der auf Grund einer Verkehrsschätzung ein durchschnittlicher Anfangsverkehr von 10 Millionen Tonnen vorausgesetzt wurde, hat im wesentlichen die Ergebnisse der Vorstudie bestätigt*).

Die nachfolgende Denkschrift, welche die Erläuterung des Bahnentwurfs und die Ermittlung der Beförderungskosten auf der geplanten Bahn enthält, gipfelt in dem in ihrem letzten Abschnitt (VI) gegebenen Vergleich zwischen Kanal und Güterbahn hinsichtlich ihrer Tauglichkeit, als Entlaster der gewöhnlichen Bahnen und als künftige Verkehrsmittel für Massentransporte zu dienen. Dieser Vergleich, bei dem der Entwurf eines Kanals vom Rhein bis zur Elbe dem der hier entworfenen Bahn gegenübergestellt wurde, hat die Voraussetzungen des Herrn Dr. Rathenau als zutreffend erwiesen. Wo verhältnismäßig kurze Kanäle natürliche, abgabenfreie Wasserstraßen verbinden, kann man selbstredend billiger befördern, als auf den bestehenden Eisenbahnen. Dagegen ist man mittels eines selbständig erbauten Kanals, selbst wenn er unter so günstigen Geländeverhältnissen, wie hier angenommen, erbaut wird, nicht imstande, wesentlich billiger zu befördern, als dies auf den bestehenden Bahnen zu den jetzigen niedrigsten Tarifen geschieht. Demgegenüber erfordert die Beförderung auf einer besonderen Güterbahn bei denselben Geländeverhältnissen und bei ausreichender Verkehrsgröße an Kosten nur einen Bruchteil dessen, was die bestehenden Bahnen nach ihren jetzt geltenden billigsten Tarifen erheben. Die Frage, wie sich die Tarifsätze der bestehenden Bahnen stellen würden, wenn sie gleichfalls zu den Selbstkosten befördern wollten, ist grundsätzlich unerörtert geblieben, wie denn jeder

*) Die inzwischen eingetretene Erhöhung der Kohlenpreise und die erfolgte und bevorstehende Erhöhung der Gehälter und Pensionen bedingte natürlich eine mäßige Erhöhung der Beförderungspreise.

Angriff auf das geltende Tarifsystem dieser rein objektiv angestrebten Untersuchung ferngelegen hat. Die Frage konnte aber auch hinsichtlich des Zwecks, den diese Arbeit verfolgte, unerörtert bleiben. Denn einmal leuchtet ein, daß bei der bekannten Höhe des Betriebskoeffizienten unserer Bahnen selbst unter Beschränkung auf die Selbstkosten nicht entfernt an solche Tarife gedacht werden könnte, wie sie hier errechnet wurden. Und ferner würden die bestehenden Bahnen mit ihren verwickelten Verhältnissen nicht in der Lage sein, den gewaltigen Verkehr zu bewältigen, der bei so billigen Tarifen entstehen würde. Gerade um Entlastung der bestehenden Bahnen und um Weckung neuen, gewaltigen Verkehrs handelt es sich zugleich, wenn man Beförderungswege für einen Massentransport der Zukunft schaffen will. Und da genügte der Nachweis, daß hierfür hinsichtlich der Beförderungskosten die Kanäle nicht geeignet, besondere Güterbahnen aber wohl geeignet sind*).

Was aber außer allen sonstigen Nachteilen (Eissperre, Erfordernis besonderer Zubringerbahnen, Langsamkeit der Beförderung usw.) die Kanäle für Massentransporte ungeeignet macht, ist ihre geringe Leistungsfähigkeit. Nach Sympher beträgt die jährliche Leistungsfähigkeit eines zweischiffigen Kanals ohne Schleusen mit Schiffen von 500 t Ladefähigkeit bei 22 stündigem Tag- und Nachtbetriebe in beiden Richtungen zusammen nur 16 Millionen Tonnen, die eines zweischiffigen Kanals mit doppelten Schleusen nur 8 Millionen Tonnen. Dagegen können auf einer zweigleisigen Güterbahn bei 20 stündigem Betrieb und bei erheblichen Verkehrsschwankungen ohne Schwierigkeit 100 Millionen Tonnen in beiden Richtungen zusammen befördert werden. Dabei ist noch nicht berücksichtigt, daß die obigen für den Kanal gegebenen Zahlen wegen zeitweisen Wassermangels, Mitbenutzung anschließender weniger tiefer Wasserstraßen, also teilweiser Verwendung kleinerer Schiffe und nicht voller Beladung praktisch nicht erreicht werden dürften. Die vorhandenen Wasserstraßen werden, wie in den Schlußfolgerungen dieser Denkschrift (S. 85 ff.) ausgeführt ist, stets ihre Bedeutung behalten. Auch werden kürzere Kanäle im Anschluß an bestehende Wasserstraßen und zu ihrer Verbindung auch in Zukunft mit Vorteil gebaut werden können. Wer aber Eisenbahnen grundsätzlich durch Kanäle entlasten will, der handelt ähnlich, als wenn er

*) Bei ungünstigeren Geländeverhältnissen wird dieses Ergebnis sich im Vergleich zwischen Kanal und Güterbahn noch weiter zuungunsten des Kanals verschieben. Ob eine Güterbahn bei ungünstigeren Verhältnissen wirtschaftlich gerechtfertigt ist, muß natürlich in jedem einzelnen Falle untersucht werden.

die Wirkung moderner Schnellfeuergeschütze durch Geschosse aus alten Vorderladern unterstützen wollte. Wenn es gilt, zukünftigen Massenverkehr zu befördern und zur Hebung des Gesamtwohls solchen Verkehr zu wecken, so können hierfür nur Güterbahnen in Frage kommen.

Es bleibt mir noch die angenehme Pflicht, derer zu gedenken, die mir bei dieser Arbeit mit Rat und Tat, mit Gewährung von reichem Material in liebenswürdigster Weise zur Seite gestanden haben. Es sind dies namentlich der Stahlwerks-Verband, das Kohlen-Syndikat, der Bochumer Verein, die Hibernia, Herr Kommerzienrat Müser, Generaldirektor der Harpener Bergbau-Aktien-Gesellschaft sowie zahlreiche Handelskammern und mancher andere. Allen sei für ihre wirksame Hilfe wärmster Dank ausgesprochen.

I. Fragestellung und Plan für das Vorgehen.

Zur Verbilligung der Erzeugungskosten der deutschen Industrie und damit zur Verbesserung ihrer Stellung im internationalen Wettbewerb ist es von besonderer Bedeutung, die Beförderungskosten von Massengütern herabzusetzen. Da die Grundpreise der Materialien ebenso, wie die Löhne, eine Herabsetzung nicht zulassen, so kann eine wesentliche Verringerung der Erzeugungskosten allein dadurch erwartet werden, daß es gelingt, die räumliche Entfernung zwischen den Gewinnungs- und Einfuhrorten der verschiedenen zu derselben Gütererzeugung benötigten Rohmaterialien und dieser wieder von den Orten billiger Kraftgewinnung und billiger Arbeitslöhne als verteuernden Umstand möglichst auszuschalten. Es gilt, einen Zustand herbeizuführen, bei dem es möglich ist, alle zu einer Gütererzeugung erforderlichen Materialien sowie billige Kraftgewinnung und billige Arbeitskräfte ohne erhebliche Beförderungskosten an einer günstig gelegenen Stelle zu vereinigen, ferner aber auch die im Lande zu verbrauchenden und die auszuführenden Güter möglichst billig an die Verbrauchs- bezw. Ausfuhrstelle zu schaffen. An Stelle der in neuerer Zeit für solche Transporte als Verkehrsmittel vielfach vorgeschlagenen und zum Teil auch zur Ausführung gelangten und in Ausführung begriffenen Kanäle hat Herr Dr. Rathenau angeregt, besondere Güterbahnen mit großer Verkehrsdichte und vereinfachten Betriebseinrichtungen in den Hauptverkehrsrichtungen zu erbauen. Die Frage, ob Kanal oder Güterbahn, ist früher in der Literatur und in Versammlungen vielfach erörtert, aber nicht zur klaren Entscheidung gebracht worden. Die neueren Erörterungen über die Wirtschaftlichkeit der Kanäle, namentlich die sehr ausführlichen Arbeiten von Sympher, beschränken sich auf den Vergleich der Kanäle mit den bestehenden Bahnen, die bei ihrer Ausstattung mit teuren Einrichtungen für den Personen- und Stückgüterverkehr, bei dem unvorteilhafteren gemischten Betriebe und beim Vorhandensein vieler unrentabler Strecken, nicht so billig befördern können, wie besondere Güterbahnen, die in

Hauptverkehrsrichtungen erbaut sind. So soll denn hier ein Vergleich der Wirtschaftlichkeit von Güterbahn und Kanal angestellt werden. Um die Erkenntnis in dieser Frage zu fördern, soll versucht werden, den tatsächlich zu erwartenden wirtschaftlichen Ergebnissen einer Güterbahn dadurch möglichst nahe zu kommen, daß für eine bestimmte, als Beispiel zu wählende Verkehrsrichtung ein Vorentwurf solcher Bahn aufgestellt und deren technische und wirtschaftliche Aussichten geprüft und mit denen eines annähernd derselben Richtung folgenden Kanals verglichen werden.

Eine Vorarbeit zu diesem Vorgehen bildete eine auf Grundlage dieser Erwägungen im Jahre 1906 angestellte Vorstudie, in der versucht war, die Wirtschaftlichkeit besonderer Güterbahnen in der Weise zu prüfen, daß die Beförderungskosten einer Tonne Gut für eine Anzahl Grenzfälle der Baukosten, der Wagenausnutzung, der Verkehrsmenge usw. berechnet wurden, die so gewählt waren, daß angenommen werden konnte, daß die wirklichen Kosten dazwischen liegen. Die Ermittlungen in jener als dritter Teil dieser Veröffentlichung abgedruckten Vorstudie sollen in dieser Denkschrift zum Teil mitverwertet werden. Für den Vorentwurf ist eine Linie gewählt worden, die einen Vergleich mit einem vorhandenen Kanalentwurf verhältnismäßig leicht ermöglicht, und die von dem rheinisch-westfälischen Kohlen- und Industriegebiet unter Berührung wichtiger dazwischen liegender Verkehrsgebiete in östlicher Richtung bis nach Berlin führen soll. Zweck solchen Vorgehens ist also einmal, festzustellen, ob für irgend einen (den gewählten) Fall sich eine solche Bahn mit geeigneten Betriebsverhältnissen bauen läßt, welches die Baukosten dieser Bahn etwa sein werden, wie sich die Aufnahme- und Abgabepunkte des Verkehrs längs der Linie verteilen werden, wie die Verbindung mit dem bestehenden Bahnnetz und wie der Betrieb sich gestalten kann, welcher Verkehrsumfang für den Anfang zu erwarten ist, wie sich die Beförderungskosten stellen werden, ferner, wie sich diese Bahn in ihren Aussichten zu einem in etwa gleicher Richtung gedachten Kanal verhalten werde. Alles dies soll geschehen, um an einem wirklichen Beispiel zu prüfen, ob die auf mehr abstraktem Wege gefundenen Ergebnisse der Vorstudie sich nicht stellenweise erheblich von der Wirklichkeit entfernen, und um jene Ermittlungen, soweit sich jetzt solche Unstimmigkeiten finden, richtigzustellen, sowie ferner an einem wirklichen Beispiel Güterbahn und Kanal vergleichen zu können. Anderseits wird nicht außer acht zu lassen sein, daß auch die jetzige Arbeit nicht dazu bestimmt ist, einen Entwurf unmittelbar für die Ausführung zu liefern. Ein solcher würde nicht nur zeitraubende Vorarbeiten erfordern, die zu dem zu erreichenden Zweck im Mißverhältnis stehen müßten, er würde vielmehr sogar die Erzielung eines brauchbaren Ergebnisses mindestens in Frage stellen. Denn, was (S. 108) in der Vorstudie unter (Plan für die Berechnung) über die Unmöglichkeit gesagt wurde, den Verkehr so, wie er wirklich zu erwarten ist, der Rechnung zugrunde zu legen (die Ungewißheit über die zu erwartenden Beförderungsmengen, die verschieden weiten Wege der Güter, die ungleichmäßige Ausnutzung der Wagen für Rücktransporte, die Verkehrsschwankungen usw.), das gilt, wenn auch in vermindertem Maße, auch für den jetzt der Untersuchung zu unterziehenden Vorentwurf. Es erscheint daher angemessen, auch für die auf Grund des Vorentwurfs anzustellenden Ermittlungen gewisse Vereinfachungen eintreten zu lassen, derart, daß nicht eine Bahn mit so ins Einzelne entwickelten Verkehrsverhältnissen der Untersuchung unterzogen wird, wie sie voraussichtlich sich gestalten würde, sondern eine Bahn mit derart vereinfachten Verkehrsverhältnissen, wie sie bei der Lage der Bahn und der Erzeugungs- und Verbrauchsgebiete denkbar sind. Wie dies im besonderen derart geschehen soll, daß gleichwohl die aus verwickelteren Verkehrsverhältnissen entstehenden Mehrkosten voll Berücksichtigung finden, wird die weitere Untersuchung zeigen. Einen vergleichenden Plan für ein ganzes Güterbahnnetz und Kanalnetz aufzustellen, konnte noch nicht in Frage kommen. Dazu gehören umfassende und eindringende Vorarbeiten, die anzustellen erst an der Zeit ist, wenn die Frage, ob Güterbahn oder Kanal, weiter geklärt ist. Zur Klärung dieser Frage beizutragen, ist der Zweck dieser Arbeit. Und diese Klärung wird gefördert werden können, wenn nur die Linie, für die Güterbahn und Kanal verglichen werden, für den Kanal verhältnismäßig günstig ist. Daß dies hier der Fall, wird unten gezeigt werden.

Wenn auch diese Denkschrift ein in sich abgeschlossenes Ganzes bildet, so erschien es doch, um nicht zu weitläufig zu werden, ratsam, manches von dem, was in der mit abgedruckten Vorstudie ausführlich behandelt ist, hier unter Hinweis auf erstere nur kurz zu streifen, auch rechnerische Vorermittlungen der Vorstudie ohne Wiederholung unter Hinweis zu benutzen. Die weitere Behandlung der gestellten Aufgabe wird sich hiernach wie folgt zu gliedern haben:

II. Vorbetrachtungen über die bei dem Vorentwurf einer Güterbahn und den Berechnungen zu beobachtenden Grundsätze.

III. Erläuterung des aufgestellten, dieser Denkschrift beigefügten Vorentwurfs einer Güterbahn.

IV. Schätzung der anfänglichen Verkehrsgröße der geplanten Güterbahn.

V. Ermittlung der Beförderungskosten auf der Güterbahn unter Zugrundelegung des aufgestellten Vorentwurfs.

VI. Vergleich von Güterbahn und Kanal.

II. Vorbetrachtungen über die bei dem Vorentwurfe einer Güterbahn und den Berechnungen zu beobachtenden Grundsätze.

A. Verkehrsverhältnisse und Bahnnetz.

Wenn die Güterbeförderung gegen die jetzigen Kosten erheblich verbilligt werden soll, so ist hierfür wesentliche Voraussetzung ein Massenverkehr. Darunter ist zu verstehen ein Verkehr, bei dem nicht nur im ganzen große Massen zu befördern sind, sondern bei dem auch:

1. die durch denselben Versender gleichzeitig zum Versand kommenden Einzelmengen relativ groß sind, mindestens ganze Wagenladungen, tunlichst aber Mengen von Wagenladungen,
2. die Gesamtmenge der für das Kilometer zu befördernden Güter groß ist,
3. die Wagenladungen in möglichst großer Zahl vom Versand- bis zum Empfangsort gemeinsame Wege haben, so daß womöglich geschlossene Züge vom Versand- zum Empfangsort und ebenso leer in umgekehrter Richtung durchgeführt werden können,
4. auf jeder Verkehrsanlage möglichst Güter gleicher Art in großen Mengen behandelt werden, wodurch zugleich die Zahl der Stationen verhältnismäßig gering ist.

Inwiefern unter diesen Voraussetzungen wesentliche Ersparnisse zu erwarten sind, ist in der Vorstudie (S. 101) ausgeführt.

An Stelle eines Bahnnetzes ist einstweilen nur die eine für den Vorentwurf gewählte Linie nebst Zweiglinien in Betracht zu ziehen. Die Führung dieser Linie im besonderen wird so zu wählen sein, daß möglichst viele wichtige Erzeugungs- und Verbrauchsgebiete Beförderungsgelegenheit erhalten. Hierüber, sowie über die zu erwartenden Transportgegenstände vgl. unter III. und IV.

B. Bahnsystem. Betriebsmittel.

Unter Festhaltung der Ergebnisse der Vorstudie wird davon auszugehen sein, daß es sich bei der neuen Güterbahn um eine Bahn gewöhnlicher Art (zweischienige Standbahn) von normaler Spurweite handelt, die aber mit besonders für den vorliegenden Zweck geeigneten Betriebsmitteln (Wagen großer Ladefähigkeit mit durchgehender Bremse und zentraler Kupplung, u. U. mit Einrichtung zur Selbstentladung) zu betreiben ist. Dabei ist also der Vorteil gewahrt, daß die Betriebsmittel die auf den Zechen, Werken usf. befindlichen vollspurigen Gleise benutzen und ferner auch über Strecken der gewöhnlichen Bahnen geführt werden können. Solche Benutzung der vorhandenen Bahnen als Zubringer wird namentlich da in Frage kommen, wo der örtliche Verkehr zu klein oder zu sehr zersplittert ist, um die Kosten besonderer Schleppbahnen tragen zu können, oder wo solche wegen örtlicher Verhältnisse besonders teuer ausfallen würden. Anderseits wird im rheinisch-westfälischen Kohlen- und Industriegebiet und in anderen Gebieten anzustreben sein, mit bereits im Bau befindlichen oder geplanten Schleppbahnen Verbindung zu suchen, um die Benutzung der Strecken der gewöhnlichen Bahnen und die Erbauung eigener Schleppbahnen nach Möglichkeit einzuschränken. Freilich wird man die Wagen der neuen Güterbahn nicht in die Züge der vorhandenen Bahnen einstellen können, wegen ihrer besonderen Bauart und weil sie nicht dazu geeignet sind, auf den bestehenden Rangierbahnhöfen zusammen mit anderen Wagen behandelt zu werden. Es wird also anzunehmen sein, daß die dem neuen Verkehr dienenden Wagen mittels besonderer Züge von den Zechen und Werken oder von Untersammelbahnhöfen, an die die Anschlußgleise mehrerer Zechen und Werke angeschlossen sind, in direkter Fahrt der neuen Güterbahn zugeführt und ebenso auf umgekehrtem Wege befördert werden. Und zwar werden für diesen Zustellungsverkehr je nach Lage des Falles Strecken vorhandener Staatsbahnen oder Schleppbahnen, oder besonders zu erbauende Anschlußgleise oder auch beides in Verbindung miteinander zu benutzen sein.

Die Frage, wie die Anschlußstellen besonderer Anschlußbahnen oder der Verbindungsgleise mit kreuzenden oder nebenher laufenden Bahnen zu gestalten sein werden, war in der Vorstudie offen gelassen. Nur das war betont, daß man nicht an allen solchen Stellen Rangieranlagen anzulegen hätte. Wollte man anderseits alle Anschlußgleise oder Verbindungsgleise bis zu den jedenfalls nur in größeren Abständen anzulegenden Sammel- (Rangier-) Bahnhöfen führen, so würden Anlage- und Betriebskosten recht teuer werden. Sofern man aber, wie für einen regelmäßigen Verkehr ohnehin erforderlich ist (vergl. Vorstudie S. 106), die neue Bahn mit elektrischer Streckenblockung ausrüstet, erscheint es für die Leistungsfähigkeit der Bahn unbedenklich, an jeder beliebigen Blockstelle ein Anschluß- oder Verbindungsgleispaar einmünden zu lassen. Dabei ist nur die Bedingung zu stellen, daß die Einmündung des Gleispaares in die Hauptgleise der neuen Güterbahn ohne Schienenkreuzung erfolgen, daß also das eine der beiden einmündenden Gleise vorher unter- oder überführt werden muß. Etwaige eingleisige Anschlußbahnen werden also wenigstens für den Anschluß zweigleisig auszubilden sein, was auch schon auf reichliche Zuglänge hinter den Anschlußweichen deshalb erforderlich ist, damit ein für das Abzweigen bestimmter Zug stets sogleich nach der Anschlußbahn ausfahren kann und nicht etwa durch einen entgegenkommenden Zug in der Güterbahn zurückgehalten wird und dort den Zugverkehr hemmt. Die Anschlußzüge werden vom Augenblick ihrer Einmündung an (entsprechend ist es bei abzweigenden Zügen) als Züge der neuen Güterbahn behandelt. Falls ein ganzer Zug bis zur Zielstation keiner Neuordnung bedarf, kann er in dieser Weise von seiner Einmündung an glatt durchgeführt werden. Dies wird man allerdings bisweilen aus dem Grunde nicht tun, weil die Anschlußzüge häufig wegen der Neigungsverhältnisse der Zuführungsstrecken oder wegen der Verkehrsgruppierung eine erheblich geringere Stärke besitzen werden, als sie für den Betrieb auf der neuen Bahn zulässig und wirtschaftlich zweckmäßig ist. Andernfalls läuft ein Anschlußzug vorerst bis zum nächsten Rangierbahnhof (bei der im Vorentwurf behandelten Bahn sind Rangierbahnhöfe in durchschnittlich annähernd 55 km Entfernung vorgesehen), um dort aufgelöst zu werden. Auf jedem Rangierbahnhof der Güterbahn werden grundsätzlich nur direkte Züge bis zu den Bestimmungsbahnhöfen der Güterbahn gebildet, tunlichst aber, wo die Gütermengen dies gestatten, bis zur Entladestelle (Bahnhof, Hafen, Werk usf.), so daß jeder Wagen höchstens zweimal umzurangieren ist, tunlichst aber das Rangieren ganz vermieden oder auf einmal beschränkt wird.

Hiernach macht unter der Voraussetzung, daß die Güterbahn mit Streckenblockung ausgerüstet wird und die Einmündungsstellen von Anschlußbahnen und Verbindungsgleisen als „Streckenblockstellen mit Abzweigung“ gestaltet werden, es keine Schwierigkeit, überall unterwegs Gütertransporte aufzunehmen und abzugeben. Dies wird namentlich so lange unbedenklich und empfehlenswert sein, als die Inanspruchnahme der Bahn von der vollen Ausnutzung ihrer ganzen jährlichen Leistungsfähigkeit (etwa 100 Millionen Tonnen, s. S. 44) noch weit entfernt ist. Sollte die Inanspruchnahme später sich der vollen Ausnutzung der ganzen jährlichen Leistungsfähigkeit nähern, so würde man dahin zu streben haben, mehr und mehr die Einzelanschlüsse auf der freien Strecke zu beseitigen und die Anschlußgleise bis zu den Rangierbahnhöfen durchzuführen, bis zu denen die einmündenden Züge in der Regel unverändert zu laufen haben, um dort erst, wie oben dargelegt, nach Bedarf umgeändert zu werden und damit in den eigentlichen inneren Betrieb der Güterbahn überzugehen.

Soweit bestehende Bahnen mit größeren Brücken als Zubringer benutzt werden sollen, erscheint es geboten, mit dem Gewicht der Wagen nicht über das in der Deutschen Eisenbahnbau- und Betriebsordnung für Erbauung oder Erneuerung von Brücken für die Wagen vorgeschriebene größte Gewicht von 4,33 t/m hinauszugehen. Für Transporte, die bestehende Bahnen mit größeren Brücken nicht als Zubringer benutzen, erscheint an sich ein größeres Wagengewicht f. d. Meter Gleislänge zulässig, wie in der Vorstudie (S. 104/5) ausgeführt war. Und, wenn auch an sich möglichste Freizügigkeit der Wagen anzustreben sein wird, so ist doch nichts dagegegen einzuwenden, wenn für gewisse regelmäßige Massentransporte besonderer Art auch besondere Wagen beschafft werden, die eine billigere Bauart und Verkürzung der Züge ermöglichen. Für die gegenwärtige Voruntersuchung erscheint es gleichwohl angezeigt, an den normalen Verhältnissen festzuhalten. Ob man 4- oder 6-achsige Drehgestellwagen verwenden wird oder kurze 2-achsige mittels Kurzkupplung verbundene Wagen, wird vielleicht je nach der Art der Transporte verschieden zu entscheiden sein. Um sich mit der gegenwärtigen Untersuchung in den Grenzen des sicher Erreichbaren zu halten, sollen nach dem Vorgange amerikanischer, englischer, französischer Bahnen hier — wie in der Vorstudie — Drehgestellwagen von 40,0 t Nutzlast und 16,0 t Eigengewicht angenommen werden, die bei 4,33 t/m eine Länge von $\frac{56}{4,33}$ = rd. 13,0 m erhalten. Die Wagen werden nach dem Einbuffersystem mit selbsttätiger Kupplung zu erbauen und durchweg mit durchgehender Bremse auszurüsten sein.

C. Betriebsweise des geplanten Verkehrsmittels.

Mit der bezüglich der Betriebsweise zu entscheidenden Hauptfrage, ob elektrischer oder Dampfbetrieb, hängen andere Fragen, wie die der Zuggeschwindigkeit, Zugstärke, Zugsicherung usf. zusammen. Es ist nicht unwahrscheinlich, daß bei den zu erwartenden großen Transportmengen, die die Voraussetzung der ganzen Einrichtung bilden, der elektrische Betrieb sich vorteilhafter, als der Dampfbetrieb erweisen wird. Da aber für den elektrischen Betrieb bei Verwendung zu Gütertransporten ausreichende Erfahrungen über die Betriebskosten noch nicht vorliegen, so soll — wie in der Vorstudie — den anzustellenden Untersuchungen Betrieb mit Dampflokomotiven zugrunde gelegt werden. Für diese Lokomotiven wird die Anwendung des Heißdampfes anzunehmen sein, dessen Vorteile gerade in neuester Zeit immer mehr anerkannt werden.

Besonders wichtig ist die Wahl einer zweckmäßigen Zuglänge. Bei Verwendung kurzer Züge wird es in vielen Fällen leichter möglich sein, geschlossene Transportmengen ohne Umordnung vom Versand- zum Empfangsort durchzuführen. Diese Rücksicht verliert in allen den Fällen, wo am Versand- oder Empfangsort mehrere Werke usw. zusammengefaßt sind, um so mehr an Bedeutung, je größer der Verkehr im ganzen wird. Anderseits ist der Betrieb langer Züge billiger. Auch lassen lange Züge eine bessere Ausnutzung der Bahn zu, weil mit der Vermehrung und Verkürzung der Züge das Verhältnis der Zwischenräume zwischen den Zügen zu den von den Zügen besetzten Strecken wächst, selbst wenn man diese Zwischenräume bei kürzeren Zügen etwas kleiner bemißt. Je größer die Zahl der Züge, desto schwieriger wird es auch sein, einen regelmäßigen Betrieb aufrecht zu erhalten und zu vermeiden, daß stellenweise Stauungen und an anderen Stellen Lücken in der Zugfolge eintreten. Um solchen Unregelmäßigkeiten tunlichst vorzubeugen, erscheint, wie in der Vorstudie des näheren ausgeführt ist (S. 106), die Ausrüstung der Bahn mit elektrischer Streckenblockung erforderlich, deren Kosten übrigens nicht ins Gewicht fallen.

Als Fahrgeschwindigkeit ist vorläufig eine Grundgeschwindigkeit von 30 km angenommen, die derjenigen der Güterzüge auf den bestehenden Bahnen entspricht. Kleiner*) dürfte sie schwerlich anzunehmen sein, da die dadurch zu erzielende Ersparnis an Zugwider-

*) In der Vorstudie war die Grundgeschwindigkeit zu 25 km angenommen.

stand, wie festgestellt wurde, geringer ist, als der Mehraufwand für Lokomotiv- und Zugmannschaften sowie für Verzinsungs- und Tilgungskosten der Lokomotiven und Wagen. Sollte eine größere Geschwindigkeit als 30 km Vorteile bieten, so würden hierdurch die Ergebnisse dieser Untersuchung noch zugunsten der Güterbahnen sich verschieben.

Auf den Güterbahnen wird, da durch eine Unterbrechung des Betriebes zur Nachtzeit nicht nur die Leistungsfähigkeit erheblich vermindert wird, sondern auch bedeutende Mehrkosten und Unzuträglichkeiten entstehen, Tag- und Nachtbetrieb einzuführen sein. Anderseits wird eine Unterbrechung des Betriebes an Sonn- und Festtagen nicht zu umgehen sein. Deshalb muß Gelegenheit vorhanden sein, daß Züge unterwegs übernachten können. Hierfür können aber die zur Aufnahme und Abgabe des Verkehrs ohnehin vorzusehenden Rangierbahnhöfe benutzt werden.

Ein Zerlegen, Umordnen und Neubilden der Züge unterwegs wird, wie schon oben ausgeführt ist, grundsätzlich zu vermeiden sein, d. h. es werden die Transporte tunlichst auf solche Güter beschränkt werden, die entweder von Anschlußgleisen oder eigenen Ladeanlagen der Bahn schon als geschlossene Züge zulaufen und in gleicher Weise die Bahn verlassen, oder aber in zur Bildung geschlossener Züge genügenden Mengen einzelnen Sammelbahnhöfen zuströmen und von Verteilungsbahnhöfen aus die Bahn wieder verlassen.

Die unter B erörterte streckenweise Benutzung der Bahn selbst für Anschlußzüge steht mit diesen Grundsätzen nicht in Widerspruch. Das Erfordernis an Stationen für Wechsel und Versorgung der Lokomotiven wird unter III erörtert werden.

III. Erläuterung des beigefügten Vorentwurfs einer Güterbahn.

(Vgl. den in der Übersichtskarte und dem Längenprofil dargestellten Entwurf.)

A. Grundsätze für die Entwurfgestaltung.

Es war von vornherein klar, daß für die Gestaltung dieses Bahnentwurfs nicht ganz dieselben Grundsätze Anwendung finden konnten, die sonst für Bahnentwürfe bei uns Geltung haben. Im Hinblick auf den starken Verkehr, dessen erwartetes Eintreten überhaupt die Voraussetzung dafür ist, daß man sich zum Bau solcher Güterbahn entschließt, können hier verhältnismäßig hohe Baukosten aufgewendet werden, um einen möglichst billigen Betrieb herbeizuführen. Es wird also unter Berührung der zwischen dem rheinisch-westfälischen Kohlen- und Industriegebiet und Berlin liegenden Haupterzeugungs- und Verbrauchsgebiete im übrigen ein möglichst kurzer Weg anzustreben sein. Es wird ungeachtet teurerer Erdarbeiten die Anwendung möglichst schwacher Neigungen und die Führung möglichst in gerader Linie gerechtfertigt sein*). Planübergänge sind durchweg zu vermeiden. Anderseits kann dadurch, daß die Bahn sich von größeren Orten möglichst entfernt hält, an Grunderwerbskosten und Bauausgaben auch gespart werden.

B. Gewählte Linienführung.

Es sei vorausgeschickt, daß es sich bei der gewählten Linienführung um einen Versuch handelt, der ohne Bereisung der Strecken auf Grund der Meßtischblätter und der Handelskammerberichte und sonstiger über die Verkehrsverhältnisse Aufschluß gebender Grundlagen erfolgte. Im einzelnen wird daher die Linienführung noch mannigfacher Verbesserungen bedürfen.

Als Endpunkte der zu erbauenden Bahn waren im Westen das rheinisch-westfälische Kohlen- und Industriegebiet, im Osten Berlin gegeben. Für das rheinisch-westfälische Industriegebiet ergab es sich nach mehrfachen Versuchen nicht als angängig, mit einer Bahn auch nur annähernd allen Teilen des Verkehrsgebietes genügende Anschlußmöglichkeit zu schaffen. Es ist daher angenommen, daß die Bahn mit doppelter Verzweigung von Herne und Dortmund entspringen, daß an sie aber ferner als Zubringer ein Bahnzweig anschließen soll, der vom Rhein, etwa bei Wesel beginnend, dem nördlichen Rande des Kohlengebietes folgt (in Anbetracht dessen, daß sich die Erschließung der Kohlenlager allmählich immer weiter nach Norden vorschiebt). Letztere Anschlußbahn wird vielleicht etwas später zur Ausführung kommen. Die von Herne und Dortmund entspringenden Bahnzweige finden in den in dortiger Gegend teils erbauten, teils geplanten Schleppbahnen Zubringer. Außerdem werden die gewöhnlichen Eisenbahnen als Zubringer dienen. Durch diese Annahmen soll nicht ausgeschlossen

*) In gebirgigem Gelände können anderseits in Anbetracht der Benutzung nur für Güterzüge unbedenklich verhältnismäßig scharfe Krümmungen verwendet werden.

sein, daß beim wirklichen Bau solcher Bahn weitergehende Maßnahmen getroffen würden. Den Anfangspunkt des eigentlichen Bahnbetriebes bilden Rangierbahnhöfe bei Herne und Dortmund km 1,5. Den östlichen Endpunkt des eigentlichen Bahnbetriebes bildet ebenso ein Rangierbahnhof nordöstlich von Nauen (km 427,5) bei Berlin. Die Lage des letzteren Rangierbahnhofes bei Nauen erschien einmal günstig mit Rücksicht auf die Führung der Güterbahn bis dorthin, dann aber auch mit Rücksicht auf den Anschluß an die bei Nauen die Hamburger Bahn kreuzende Berliner Güterumgehungsbahn und an den Bahnhof Wustermark und auf einen Anschluß an die Industriebahn Tegel-Friedrichsfelde, die für zahlreiche namentlich im Norden Berlins vorhandene industrielle Werke Bahnanschluß vermittelt. Auch läßt sich ein Wasseranschluß (s. d. folgende) von Nauen aus leicht gewinnen. Für die Kostenberechnungen sollen zur Vereinfachung die am Nordrande des Industriegebiets vom Rhein bis zu km 35,0 der Hauptlinie führende Zubringerlinie und die Strecke östlich von Nauen nicht unmittelbar berücksichtigt werden. Vielmehr sollen die Fahrten auf diesen Strecken in der Rechnung wie die sonstigen Fahrten auf Zubringerstrecken behandelt werden. Zur weiteren Vereinfachung soll die doppelte Verzweigung von Herne und Dortmund nicht als solche, sondern als Längenzuschlag zur ganzen als eine Linie betrachteten Bahn berücksichtigt werden, die hiernach statt rd. 425 km zu 440 km angenommen wird, so daß für die betrieblichen Berechnungen sich die Entfernung der Bahnhöfe der in 8 Teile geteilten Strecke auf 55 km stellt, während sie tatsächlich 51,25 bis 55,00 km beträgt. Jedenfalls wird so eher etwas zu ungünstig, als zu günstig gerechnet. Unterwegs ist das wichtigste anzuschließende Gebiet zweifellos das große Industriegebiet, dessen Schwerpunkte durch die Namen Hannover und Hildesheim bezeichnet werden. Es erschien deshalb ratsam, die Bahn zwischen Hannover und Hildesheim hindurchzuführen und einen Rangierbahnhof etwa in der Mitte zwischen beiden Orten, bei km 215,0, anzulegen.

Besonders eingehende Erwägungen erforderte die Wahl der Linienführung für die westliche Hälfte der Bahn vom Kohlen- und Industriegebiet bis Hannover/Hildesheim. Eine möglichst direkte Linie etwa über Lage hätte zwar vielleicht den Vorteil größerer Kürze gehabt, dabei aber das Industriegebiet von Osnabrück weit links liegen lassen und wäre auf erhebliche Geländeschwierigkeiten gestoßen, die ungünstige Neigungsverhältnisse bedingt hätten. Anderseits erschien es auch nicht ratsam, mit der Linie ähnlich, wie mit der des Kanals, so weit nach Norden auszubiegen, daß der Teutoburger Wald ganz umgangen wurde. Vielmehr ist eine mittlere Linie gewählt, die es gestattet, den Teutoburger Wald bei Borgholzhausen in geringer Höhe und mit mäßigen Neigungen zu überschreiten, die ferner dem Osnabrücker Industriegebiet ebenso, wie z. B. dem von Bielefeld günstige Anschlußmöglichkeit gewährt und dabei doch nur eine geringe Verlängerung der Bahn herbeiführt. Nach verschiedenen Versuchen ist es gelungen, für diesen Übergang über den Teutoburger Wald eine Linie zu finden, die bei fast geradliniger Führung unter Anwendung eines Scheiteltunnels von 3,15 km Länge eine Meereshöhe von wenig über 100 m erreicht und dabei auf den Zufahrtsrampen keine größere Neigung als 2 ‰ erfordert, so daß hierdurch auf der ganzen Bahn größere Neigungen als 2 ‰ vermieden sind, wie unten erörtert wird.

Es war ferner noch zweifelhaft, ob weiterhin eine nördliche Linie etwa über Minden-Bückeburg zu wählen oder die Bahn von Oeynhausen an längs der Weser und dann über Springe nach Hannover/Hildesheim zu führen war. Es sind deshalb beide Linien versucht. Die nördliche ist rd. 7,5 km kürzer, die südliche weist einen 4,65 km langen Tunnel auf. Es ist daher die nördliche gewählt.

Von Hannover/Hildesheim nach Osten zu war zunächst das Braunkohlen- und Industriegebiet bei Braunschweig anzuschließen. Es lag die Versuchung nahe, dann etwas südlich auszubiegen, um Magdeburg zu berühren. Dadurch wäre aber die Linie nicht nur erheblich verlängert und verteuert worden, es wären auch infolge Durchschneidung des bergigen Geländes ostwärts von Braunschweig ungünstigere Neigungen bedingt worden, als sie jetzt erzielt sind. Und dabei wäre nur etwas Halbes erreicht, weil es doch nicht angängig gewesen wäre, wichtige südlicher gelegene Gebiete wie das bei Staßfurt oder gar das bei Halle zu berühren. Zweckmäßiger wird man als Ergänzung der Westostlinie von dem in der Nähe von Magdeburg anzulegenden Rangierbahnhof (bei Neuhaldensleben) eine Stichbahn über Magdeburg, Staßfurt nach Halle in Aussicht zu nehmen haben, an die sich u. U. noch weitere Linien nach Leipzig und dem Königreich Sachsen, vielleicht auch westwärts nach Thüringen anschließen. Das Industriegebiet von Magdeburg selbst aber kann ohne Schwierigkeit bedient werden, auch wenn die Hauptlinie, wie jetzt geplant ist, rd. 30 km nördlich von Magdeburg vorbeiführt.

Vorstehender Gesamtbeschreibung der Linienführung ist noch folgendes in bezug auf die Lage der Bahnhöfe und die Anschlüsse an die Wasserstraßen und an wichtige Einzelverkehrsgebiete nachzutragen.

Für eine günstige Betriebsgestaltung, namentlich für eine zweckmäßige Einteilung des Lokomotivdienstes sind Betriebsstationen in möglichst gleicher Entfernung voneinander erforderlich, die so zu wählen ist, daß die Betriebsstationen für den Lokomotivwechsel und für die rechtzeitige Erneuerung der Wasser- und Kohlenvorräte geeignet und ausreichend nahe beieinander liegen. Es ist nun gelungen, die Bahnhöfe für Aufnahme und Abgabe des Verkehrs in nahezu gleichmäßigem Abstand von 51,25 bis 55,00 km, durchschnittlich 53,25 km anzuordnen (wofür, da die ganze Länge der Bahn mit Rücksicht auf die doppelte Verzweigung zu 440 km angenommen wird, in den Berechnungen durchweg rd. 55 km angesetzt werden), so daß besondere Betriebsstationen für Lokomotivversorgung überhaupt nicht erforderlich werden. Voraussetzung hierfür ist allerdings, daß, um eine günstige Einteilung des Lokomotivdienstes zu erhalten, die Grundgeschwindigkeit auf 30 km angenommen wird, was aber, wie auf S. 27 ausgeführt, ohnehin zweckmäßig ist. Dann können die Lokomotiven bei doppelter Besetzung und bei Übertragung der Instandsetzung an das Schuppenpersonal (amerikanisches Verfahren) täglich zweimal je 110 km hin und zurück (täglich 440 km), die Personale also täglich einmal 110 km hin und zurück fahren, was etwa einem zehnstündigen Dienst entspricht*). Dabei liegen die Bahnhöfe überall auch in solcher Lage, die für die Aufnahme und Abgabe des Verkehrs als günstig bezeichnet werden kann.

Es liegen

1. Bahnhöfe Dortmund, Herne bei km 1,50 . . . .
   } Abstand 52,90 km
2. Bahnhof Münster bei km 54,40 . . . .
   } Abstand 53,25 km
3. Bahnhof Neuenkirchen (Osnabrück) bei km 107,65
   } Abstand 54,60 km
4. Bahnhof Stadthagen bei km 162,25 . . . . . .
   } Abstand 52,75 km
5. Bahnhof Hannover-Hildesheim bei km 215,00 .
   } Abstand 51,25 km
6. Bahnhof Braunschweig bei km 266,25 . . . . .
   } Abstand 52,25 km
7. Bahnhof Neuhaldensleben (Magdeburg) bei km 318,50 . . . .
   } Abstand 54,00 km
8. Bahnhof Genthin (Rathenow) bei km 372,50 . .
   } Abstand 55,00 km
9. Bahnhof Nauen (Berlin) bei km 427,50 . . . . .

Für Züge, die die ganze Bahn — rd. 440 km — von Dortmund, Herne bis Nauen oder umgekehrt durchfahren oder zwischen Hannover-

*) In Wirklichkeit sind die Fahrten im Durchschnitt noch etwas kürzer, da die tatsächliche Entfernung der Bahnhöfe im Durchschnitt nur 53,25 km beträgt.

Hildesheim und einem der beiden Endpunkte verkehren, würden Lokomotivstationen nur in diesen Punkten erforderlich sein. Da aber auch auf den anderen Bahnhöfen Züge endigen und entspringen, und da man überall Bereitschaftslokomotiven haben muß, werden auf allen Bahnhöfen nicht nur Vorkehrungen zur Versorgung der Lokomotiven zu treffen, sondern auch Lokomotiven zu stationieren sein. Auch für Züge, die kürzere Strecken durchfahren, z. B. rd. 110 km (bis zum zweitfolgenden Bahnhof), gestaltet sich die Lokomotiveinteilung günstig, sofern nur der Verkehr groß genug ist, um die mehrmals hin- und herfahrenden Lokomotiven auszunutzen.

Von Wasserstraßen wird namentlich der Rhein anzuschließen sein. Es empfiehlt sich nicht, einen der vorhandenen Häfen, z. B. Duisburg, Ruhrort hierfür zu benutzen, nicht nur um des weiteren Zufahrtsweges willen, sondern auch, weil diese ausgebauten Häfen und ihre Rangierbahnhöfe für die großen Wagen des neuen Verkehrsmittels nicht geeignet sind. Vorteilhafter, als in diesen Häfen Einrichtungen für die größeren Wagen mit erheblichen Schwierigkeiten zu schaffen, wird es sein, einen besonderen Hafen für die neue Bahn anzulegen. Solcher ist in dem Vorentwurf am westlichen Ende der Zubringerlinie bei Wesel vorgesehen. Bei den Bahnhöfen Dortmund, Herne, Münster wird es möglich sein, Anschluß an den Kanal zu gewinnen. Ferner dürften ein Weserhafen sowie ein Elbhafen anzulegen sein. Namentlich aber erscheint es von Bedeutung, daß östlich von dem Endbahnhof Nauen an der Havel nördlich von Spandau ein Hafen angelegt wird, der den Umschlag zwischen dem neuen Verkehrsmittel und den märkischen Wasserstraßen sowie ihren Fortsetzungen nach dem Osten, nach Stettin und nach Schlesien vermittelt.

Schließlich sei über die Trassierungsverhältnisse der Bahn, wie sie sich bei der geschilderten Linienführung ergeben, folgendes angeführt: Die Bahn ist von Herne (Bahnhofsmitte) bis Nauen 426 km lang gegenüber einer Luftlinienentfernung von rd. 409 km. Der Unterschied zwischen wirklicher Länge und Luftlinie stellt sich daher auf weniger als 20 km. Die Führung ist auch im einzelnen überall in langen geraden Linien mit stumpfwinkligen Knicken erfolgt. Die Krümmungshalbmesser können in der Regel beliebig groß gemacht werden und betragen nirgends unter 1000 m, in der Regel 3000 m. Während sonst als größte Neigung im Flachland 5‰ (1 : 200) angesehen wird, beträgt in dem gegenwärtigen Entwurf die größte Neigung überall nur 2‰ (1 : 500). Von der ganzen trassierten Länge von 427,50 km vom Nullpunkt bei Herne bis Mitte Nauen liegen:

rd. 181,00 km	= rd. 42,3 %	in der Wagerechten	
„ 20,00 „	= „ 4,7 %	in Neigung	0,5 ‰
„ 46,50 „	= „ 10,9 %	„ „	1,0 ‰
„ 53,00 „	= „ 12,4 %	„ „	1,5 ‰
„ 127,00 „	= „ 29,7 %	„ „	2,0 ‰

Alle Steigungen für die ganze Bahnlänge zusammengenommen bewirken in westöstlicher Richtung von Herne bis Nauen eine Hebung von 181,53 m, in ostwestlicher eine solche von 207,53 m. Demnach liegt Nauen um 26 m tiefer als Herne. Von der rd. 19,1 km langen Anschlußstrecke von Dortmund bis zur Einmündung in die Linie Herne-Nauen liegen wagerecht 8,8 km

in Neigung 1,5 ‰ . . . . . 6,1 km
„ „ 2,0 ‰ . . . . . 4,2 „

Dortmund liegt um 14 m höher als Herne, d. h. um 40 m höher als Nauen.

Auf die Lage der Bahn in Auftrag oder Einschnitt waren bei Einhaltung der oben erwähnten größten Neigungen von wesentlichem Einfluß die Kreuzungen mit Eisenbahnen, Straßen und Wasserläufen. Bei Wasserläufen wurde, soweit dies ohne genaue örtliche Ermittlungen möglich war, auf die für den Wasserabfluß und die Schiffahrt erforderliche lichte Höhe unter den Brücken Bedacht genommen. Die kreuzenden Eisenbahnen sind fast durchweg in ihrer vorhandenen Höhenlage belassen. Wo durch sonstige Umstände bedingter hoher Auftrag oder tiefer Einschnitt die schienenfreie Kreuzung von Straßen ohne wesentliche Veränderung der Höhenlage gestattete, wurde hiervon Gebrauch gemacht. Ebenso wurde, wo die dichte Aufeinanderfolge mehrerer Straßenkreuzungen oder die Lage in bebautem Gelände erhebliche Veränderungen der Höhenlage der Straßen unratsam erscheinen ließen oder unmöglich machten, die Bahn zum Zwecke der schienenfreien Straßenkreuzung in entsprechend hohen Auftrag oder tiefen Abtrag gelegt. Im übrigen wurde angestrebt, die Bahn in flachem Auftrage zu halten, wobei kreuzende Straßen mit Rampen über- oder unterführt wurden.

Auf die Höhenlage der Bahn war schließlich auch das Bestreben von Einfluß, in Einschnitten wegen der erforderlichen Wasserabführung tunlichst eine Neigung von 2 ‰ zu verwenden. Nur in wenigen Fällen sind, um gar zu große Erdarbeiten zu vermeiden, Neigungen von 1,5 ‰, nur in vereinzelten Fällen auf geringe Längen Neigungen von 1 ‰ verwendet, wo dann durch gute Unterhaltung, vielleicht auch durch

Abpflasterung der Gräben für ausreichende Wasserabführung gesorgt werden muß. Trotz Beachtung aller dieser Gesichtspunkte ist es gelungen, Auftrags- und Abtragsmassen fast vollständig auszugleichen. Anderseits leuchtet ein, daß alle vorbesprochenen Umstände: Die Einhaltung langer gerader Linien, die Vermeidung größerer Neigungen als 2 ‰, der Fortfall aller Niveaukreuzungen mit Straßen, die meist unveränderte Belassung kreuzender Bahnen, dahin geführt haben, daß die Erdmassen dieses Vorentwurfs recht erheblich geworden sind. Vielleicht ist hierin zu weit gegangen. Es erschien aber richtiger, bei dieser Vorermittlung, die zunächst noch auf einen verhältnismäßig kleinen Anfangsverkehr rechnet, wo also die Verzinsung und Tilgung der Baukosten besonders ungünstig wirkt, die Baukosten lieber etwas zu hoch als zu niedrig anzunehmen.

Die Kosten der Bahn sind in dem anliegenden Kostenüberschlag (Anlage I) ermittelt zu 176 000 000 Mk. oder 400 000 Mk. für das Kilometer rechnungsmäßiger Bahnlänge, wobei also die Länge und die Kosten der doppelten Verzweigung am Westende mit in Rechnung gezogen sind. Die Kosten des Grunderwerbs sind teils auf Grund örtlicher Erkundigungen im Industriegebiet, teils auf Grund der für den Kanal veranschlagten Preise angenommen. Überall ist möglichst reichlich gerechnet.

IV. Schätzung der anfänglichen Verkehrsgröße der geplanten Güterbahn.

In der Denkschrift von 1901 betreffend den Bau eines Schiffahrtskanals vom Rhein bis zur Elbe ist der Verkehr, der diesem Kanal voraussichtlich zufallen würde, so geschätzt, daß für das Jahr 1892 festgestellt wurde, welche Sendungen gewisser Gattungen innerhalb des Einflußgebiets des Kanals tatsächlich erfolgt waren. Solche zeitraubenden Ermittlungen, die zudem nur mit Hilfe zahlreicher Dienststellen der Eisenbahnverwaltung möglich sind, konnten in diesem Falle nicht angestellt werden. Es wurde daher ein einfacheres Schätzungsverfahren versucht. Für solches bildet die deutsche Güterbewegungsstatistik eine nicht ungeeignete Grundlage. Es wurde diejenige vom Jahre 1905 zugrunde gelegt. Zu ergänzenden Ermittlungen wurde die Übersicht über den Versand an Steinkohlen, Steinkohlenbriketts und Koks aus dem Ruhrbezirk im Jahre 1905 und wurden ferner Mitteilungen des Kohlensyndikats und mehrere Handelskammerberichte benutzt. So wurde zunächst die Gütermenge ermittelt, die in Anbetracht der erheblich niedrigeren Frachten voraussichtlich von den Staatsbahnen auf die neue Bahn übergehen würde, wobei auf die Einwirkung neuen oder durch die billigen Tarife gesteigerten Verkehrs der neuen Bahn zunächst noch nicht Rücksicht genommen ist. Dagegen wurde, ähnlich wie in der Verkehrsberechnung für den Kanal, diejenige Verkehrssteigerung berücksichtigt, die auch auf den bestehenden Bahnen voraussichtlich bis zur Eröffnung der Güterbahn eintreten wird. Diese wurde entsprechend der bisherigen erfahrungsmäßigen Steigerung unter der Voraussetzung berechnet, daß die neue Güterbahn nicht vor 1916 eröffnet wird, also 10 Jahre nach dem Schluß des Jahres 1905, dessen Güterbewegungsstatistik benutzt wurde, und daß alsdann im Laufe von etwa 5 Jahren der durch die billigeren Tarife angezogene Verkehr auf die neue Bahn übergeht, also etwa 1921 im Verhältnis zu den dann vorhandenen Verkehrsmengen eine normale Verteilung zwischen gewöhnlichen Bahnen und neuer Güterbahn eingetreten sein wird.

Diese Ermittlungen folgen zunächst unter A. Unter B ist dann versucht, über die Förderung des Verkehrs und die Erweckung neuen Verkehrs durch die Güterbahn Betrachtungen anzustellen. Auf den demnächst zu erbauenden Kanal vom Kohlen- und Industriegebiet nach Hannover wurde hierbei keine Rücksicht genommen, da dies dem Zweck dieser Arbeit, einen Vergleich zwischen Kanal und Güterbahn anzustellen, widersprochen hätte.

A. Anfängliche Verkehrsgröße.

Vorauszusetzen dürfte sein, daß für den Verkehr die Benutzung der neuen Bahn nur bei gewissen Transportlängen vorteilhaft sein wird. Es ist in dieser Beziehung angenommen, daß nur solche Transporte die neue Bahn benutzen werden, die mindestens zum zweitfolgenden Bahnhof, d. h. auf rd. 110 km befördert werden. Die deutsche Güterbewegungsstatistik faßt große Verkehrsgebiete zusammen, so daß sich aus ihr nicht unmittelbar entnehmen läßt, was von dem bestehenden Verkehr auf die einzelnen Strecken der neuen Bahn übergehen kann.

Es ist deshalb, um jedenfalls nicht zu viel zu rechnen, in folgender vereinfachenden Weise verfahren. Es ist angenommen, daß Transporte nur stattfinden:

a) Über die ganze Bahn zwischen Dortmund usf. und Nauen.

b) c) Über die halbe Bahn zwischen Dortmund usf. und Hannover/Hildesheim sowie Hannover/Hildesheim und Nauen.

d) Über $^3/_4$ der Bahnlänge zwischen Dortmund usf. und Magdeburg.

e) f) Über $^1/_4$ der Bahnlänge zwischen Hannover/Hildesheim-Magdeburg und Magdeburg-Nauen.

Es sind also zum Nachteil der neuen Bahn vernachlässigt, weil aus der Güterbewegungsstatistik nicht zu ermitteln:

Die nicht unbedeutenden Transporte auf $^3/_4$ der Bahnlänge zwischen Neuenkirchen (Osnabrück) und Nauen und auf $^1/_4$ der Bahnlänge zwischen Dortmund usf. und Neuenkirchen sowie Neuenkirchen und Hannover/Hildesheim, ferner alle Transporte nach und von den zwischenliegenden hier nicht genannten Bahnhöfen. Ferner sind auch die nach und von weiterliegenden Gebieten stattfindenden Transporte, insbesondere auch der Auslandverkehr, vernachlässigt.

Als Verkehrsgebiete der Bahnhöfe sind folgende Bezirke der Güterbewegungsstatistik angenommen.

1. Für Dortmund usf. die Bezirke:
   22. Das Ruhrrevier, soweit es zu Westfalen gehört,
   23. das Ruhrrevier, soweit es zur Rheinprovinz gehört,
   24. die Provinz Westfalen mit Ausschluß des Ruhrreviers und die Fürstentümer Lippe-Detmold und Waldeck,
   25. die Rheinprovinz rechts des Rheins (mit Ausschluß des Ruhrreviers, des Kreises Wetzlar und der Rheinhafenstationen),
   26. die Rheinprovinz links des Rheins (mit Ausschluß des Saarreviers) und das Fürstentum Birkenfeld,
   28. die Rheinhafenstationen Duisburg, Duisburg-Hochfeld, Ruhrort.
2. Für Hannover/Hildesheim der Bezirk:
   11. Die Provinz Hannover usf., jedoch für den Verkehr mit Dortmund usf. nur mit der Hälfte der Gütermengen (s. Begründung unten).
3. Für Magdeburg der Bezirk:
   18. Der Regierungsbezirk Magdeburg und das Herzogtum Anhalt.
4. Für Nauen die Bezirke:
   16. Berlin,
   17. Provinz Brandenburg.

Vernachlässigt sind hier auch einzelne nicht unerhebliche Massentransporte nach und von den östlichen Provinzen.

Während aber die Fortlassung gewisser Verkehrsbeziehungen zu ungünstige Resultate ergeben muß, würde die Annahme, daß die ganzen genannten Verkehrsgebiete sich für alle gegenseitigen Sendungen der neuen Bahn bedienen werden, erheblich zu günstig sein. Es sind deshalb nur solche Sendungen berücksichtigt, die in irgend einer Verkehrsbeziehung mindestens jährlich 25 000 t betragen, und es sind dann die Transportmengen auf 5000 oder ein Vielfaches von 5000 abgerundet. Außerdem ist zu bemerken, daß die Güterbewegungsstatistik ohnehin alle Sendungen unter 0,5 t Einzelgewicht nicht berücksichtigt. Endlich ist von den Verkehrsmengen zwischen Hannover/Hildesheim und den oben für Dortmund usf. (unter 1) aufgeführten Bezirken nur die Hälfte gerechnet. Dies geschah auf Grund einer besonderen Ermittlung aus der amtlichen „Übersicht über den Versand an Steinkohlen, Steinkohlenbriketts und Koks aus dem Ruhrbezirk im Jahre 1905". Aus dieser ergab sich, daß von den gesamten aus dem Ruhrbezirk nach dem Bezirk Hannover gesandten Steinkohlenmengen von rd. 3 610 000 t etwa die Hälfte nach der Gegend von Hannover, Braunschweig usw., die andere Hälfte nach Osnabrück und den nördlichen Teilen der Provinz Hannover gegangen waren. Dieses Verhältnis wurde (jedenfalls reichlich ungünstig) auf den gesamten gegenseitigen Verkehr der Westbezirke mit Hannover/Hildesheim angewendet, und statt der aus der Güterbewegungsstatistik ermittelten:

4 880 000 t
\+ 1 230 000 t } nur:

2 440 000 t
\+ 615 000 t } gerechnet

3 055 000 t.

Die in der beigefügten Tabelle (Anlage III) wiedergegebenen Ermittlungen dürften, wenn sie auch auf genaues Zutreffen keinen Anspruch machen können, immerhin ein Bild davon geben, welche Verkehrsmenge für die neue Bahn zu erwarten ist.

Diese ergibt sich, ergänzt durch die Kohlenmengen, die jetzt auf dem Wasserwege nach Berlin gehen, und durch die zu verdrängenden englischen Kohlen, nach den Zahlen für 1905 auf die ganze Bahnlänge gleichmäßig verteilt zu 5 440 000 t, wovon

4 227 500 t in westöstlicher Richtung,
1 212 500 t in ostwestlicher Richtung.

Wenn man annimmt, daß die Bahn nicht vor 1916 eröffnet wird, und daß bis 1921 sich ein Normalzustand eingestellt haben wird, so ist nun noch die bis dahin zu erwartende Verkehrssteigerung zu berücksichtigen. Es haben betragen die gesamten Beförderungsmengen im innerdeutschen Verkehr:

		Steigerung pro Jahr:	
1883:	79 180 332 t		
		6,8 %	
1891:	134 406 629 t		
		5,3 %	durchschnittlich 5,8 %.
1897:	183 267 363 t		
		5,1 %	
1905:	273 155 023 t		

Mit Rücksicht auf die vielleicht in einzelnen Verkehrsbeziehungen geringere Steigerung soll angenommen werden, daß in den 16 Jahren 1905 bis 1921 eine Steigerung des Verkehrs von je 4 % stattfinde. Dann ergibt sich aus der Menge von 5 440 000 t in 1905 für 1921 eine für die neue Bahn in Betracht kommende Gütermenge von rd. 10 000 000 Tonnen.

Wenn gegen diese Berechnung nun auch eingewendet werden kann, daß nicht die ganzen wie vor ermittelten Gütermengen sich der neuen Bahn zuwenden werden, so sind anderseits die erheblichen Mengen nicht berücksichtigt, für die sicherlich der Verkehr durch das billige Beförderungsmittel binnen kurzem neu geweckt wird, worüber unter B (s. unten) Betrachtungen angestellt werden.

Es erscheint also im jetzigen Stadium der Entwurfsbearbeitung und unter Vorbehalt genauerer Ermittlungen für die Zukunft durchaus gerechtfertigt, mit einer anfänglichen Transportmenge von 10 000 000 t zu rechnen. Näheres s. unter V.

B. Durch die Bahn zu weckender oder zu fördernder Verkehr.

Infolge der billigen Beförderungsgelegenheit, die die neue Bahn bietet, werden einerseits diejenigen Beförderungsgegenstände, die schon jetzt zwischen den hier in Frage kommenden Verkehrsgebieten in erheblichen Mengen befördert werden, in größerem Umfange und auf weitere Entfernung befördert werden. Es kommen hier namentlich in Betracht Steinkohlen, Roheisen, Eisen- und Stahlwaren, Erze, Düngemittel, Erde und Kies, natürliche und künstliche Steine, Holz usw. Insbesondere aber werden gewisse Güter da mit Gütern anderer Art wettbewerbsfähig werden, wo sie es jetzt der hohen Frachtsätze wegen nicht sind. So werden die Braunkohlen der Braunschweigischen Gegend ihr Verwendungsgebiet, das jetzt nur beschränkt ist, weiter ausdehnen können. Bruchsteine und Werksteine aus dem Wesergebiet und aus dem Braunschweigischen Gebiet werden auf weitere Entfernungen an Stelle von Ziegeln verwendet werden können, während auch diese ihre Verwendungsgebiete ausdehnen können. Der Rheinländische Basalt wird in östlichen Gegenden für viele Zwecke mit dem Granit in Wettbewerb treten können. Die im Westen viel verwendeten Mörtel aus Wasserkalk und Traß werden in östlichen Gegenden vielfach statt des Zements Anwendung finden, während auch dieser sein Absatzgebiet ausdehnen kann. Kies zur Betonerzeugung und zu anderen Zwecken wird auf weitere Entfernungen befördert werden und so zugleich die Beförderung von Zement usw. anregen. In ähnlicher Weise werden Wegebaumaterialien und Düngemittel (z. B. Thomasschlacke) auf größere Entfernungen und in größeren Mengen befördert werden können. In vielen Fällen, wie z. B. bei Erzen, Getreide, wird die Beförderung mit der Güterbahn streckenweise an Stelle der Beförderung zur See treten können, zum Teil vielleicht in Verbindung mit bestehenden Wasserstraßen. So wird Holz auf diese Weise vom Osten nach dem Westen Deutschlands gelangen können.

In vielen Fällen wird auch die Ausfuhr der deutschen Erzeugnisse durch die Güterbahn gefördert werden, wobei namentlich die großen Industriebezirke bei Hannover, Hildesheim, Braunschweig usf. unter Benutzung der Rheinseeschiffahrt in Betracht kommen.

Außer solcher Belebung vorhandenen Verkehrs wird sicherlich eine Bahn mit besonders billigen Beförderungspreisen für manche Gegenstände eine Beförderungsmöglichkeit schaffen, für die sie bisher nicht besteht. Manche Stoffe, die jetzt als Abraum oder Abfälle unbenutzt bleiben, können, wenn die Beförderung wenig kostet, an anderen Orten mit Vorteil zur Landesmelioration, als Baustoffe usf. Verwendung finden. Was das für Gegenstände sein werden, ist schwer vorherzusehen. Daß aber überhaupt eine solche Entwicklung zu erwarten, ist sicher anzunehmen. So kann man mit Sicherheit voraussagen, daß eine Güterbahn, wie sie hier geplant ist, nicht nur, wie unter A nachgewiesen wurde, mit einem Anfangsverkehr von 10 Millionen Tonnen zu rechnen hat, sondern daß der Verkehr bald über diese Beförderungszahlen beträchtlich sich erheben wird.

Wie schon unter A gesagt, ist bei der Verkehrsermittlung auf den Wettbewerb des bewilligten Rhein-Leine-Kanals keine Rücksicht genommen, um nicht die allgemeine Bedeutung der zu ziehenden Schlüsse zu beeinträchtigen. Die Güterbahn hätte aber diesen Wettbewerb auch nicht zu fürchten, einmal wegen der besseren und — wie unten nachgewiesen wird — billigeren Transportgelegenheit, die sie bietet, dann aber auch deshalb, weil die geringen Transportmengen, die der Kanal bei seiner beschränkten Leistungsfähigkeit ihr entziehen kann, bei der auf die Dauer zu erwartenden großen Verkehrssteigerung der Güterbahn nicht ins Gewicht fallen.

Es würde zu weit führen, ähnliche Verkehrsermittlungen für alle möglichen anderen Güterbahnlinien hier durchzuführen. Aus dem hier behandelten Beispiel lassen sich aber Schlüsse auch für andere lebhafte Verkehrsbeziehungen, wie von Oberschlesien nach Berlin und Stettin, von Sachsen, Halle nach Norden und Nordwesten usw. ziehen.

V. Ermittlung der Beförderungskosten auf der Güterbahn unter Zugrundelegung des aufgestellten Vorentwurfs.

A. Plan für die Berechnung.

Während in der der Vorstudie beigefügten Berechnung versucht war, die Kosten zu ermitteln, die auf einer nur gedachten Bahn von 500 000 bezw. 250 000 Mk. Baukosten für das Kilometer unter verschiedenen Voraussetzungen bei einer Beförderungsweite von 600, 400, 200 km für die Beförderung von 1 t Gut entstehen, handelt es sich hier um den Vorentwurf einer wirklichen Bahn. Aber, wie schon oben auf S. 22 ausgeführt ist, empfiehlt es sich auch bei der hier anzustellenden Berechnung nicht, den aussichtslosen Versuch zu machen, den wirklich zu erwartenden Verkehr zwischen den einzelnen Verkehrspunkten zugrunde zu legen. Vielmehr erscheint es ratsam, wiederum vereinfachende Annahmen zu machen.

Insbesondere soll folgendermaßen vorgegangen werden:

a) Es werden die nördliche Zubringerlinie Wesel-Lüdinghausen und die sonstigen voraussichtlich anzulegenden Verzweigungen der Bahn im rheinisch-westfälischen Industriegebiet und die Anschlußbahnen, die bei Berlin und sonst erforderlich werden, abgesehen von den voll berechneten Anlagekosten der zwei Verzweigungen nach

Dortmund, Herne nicht unmittelbar in Rechnung gezogen. Vielmehr werden die hierin im übrigen liegenden Verteuerungen der Transporte ebenso wie die Kosten der Transporte auf den zubringenden Strecken der gewöhnlichen Eisenbahnen so berücksichtigt, daß angenommen wird, alle Güter hätten vor und nach der Beförderung auf der neuen Bahn einen Weg von durchschnittlich je 30 km, zusammen 60 km auf Zubringerstrecken zu einem Kostensatz von 1,5 Pf. f. d. Tonnenkilometer ausschließlich Gestellung der Wagen zurückzulegen. Der hiernach für jede beförderte Tonne an Bahngeld und Zugkraftkosten auf den Zubringerstrecken berechnete Satz von 60 . 1,5 = 90 Pf. erscheint für die Staatsbahnstrecken gut ausreichend bemessen, da die Staatsbahnen Massengüter in großem Umfange zu einem Streckensatz von 1,4 Pf. f. d. Tonnenkilometer befördern, hierbei also ihr Auskommen finden. Dies ist der Fall, obwohl dabei sie selbst die Wagen stellen und obwohl die unvorteilhafteren gewöhnlichen Wagen verwendet werden, auch die Behandlung der Wagen auf den Rangierbahnhöfen der Bahn Kosten macht, die hier nicht auftreten, weil die großen Wagen bunt in geschlossenen Zügen der neuen Bahn zugeführt werden. Abfertigungsgebühren brauchen für solchen Durchlauf ganzer Züge über Staatsbahnstrecken, wobei die zu zahlende Vergütung in einfacher Weise, z. B. nach der Wagenanzahl, ermittelt werden kann, nicht veranschlagt zu werden. Wo die Berechnung von 1,5 Pf. f. d. Tonnenkilometer an Stelle der Kosten der Beförderung auf einer Verzweigung der neuen Bahn selbst oder auf einer sonstigen Schleppbahn tritt, ist dieser Satz im allgemeinen überreichlich bemessen, wie das Ergebnis der folgenden Berechnungen beweist. Abfertigungskosten des Güterbahnbetriebes sind selbstredend in dem Zuschlag von 0,90 Mk. f. d. Tonne nicht enthalten, werden vielmehr besonders berücksichtigt. Es wird mit vorbesprochener Maßgabe angenommen, daß alle Transporte sich zwischen Bahnhöfen der projektierten Bahn Dortmund usf. bis Nauen abspielen. Dabei wird ein Verkehr von durchschnittlich 10 Millionen t für die ganze Länge der Bahn vorausgesetzt, und zwar — dem Ergebnis der Verkehrsermittlung annähernd entsprechend — in folgender Weise:

1. Es wird vorausgesetzt, daß von Westen nach Osten alle Wagen voll beladen befördert werden, während in umgekehrter Richtung drei Viertel der Wagen leer laufen.

2. Es wird vorausgesetzt, daß von den durchschnittlich 10 Millionen t befördert werden:

			reduziert auf die ganze Bahnlänge
2 500 000 t	zwischen	Dortmund usw. und Nauen = ganze Bahnlänge	2 500 000 t
5 500 000 „	„	Dortmund und Hannover/Hildesheim = $^1/_2$ der Bahnlänge . .	2 750 000 „
1 000 000 „	„	Hannover/Hildesheim und Nauen = $^1/_2$ der Bahnlänge .	500 000 „
2 000 000 „	„	Dortmund usw. und Magdeburg = $^3/_4$ der Bahnlänge	1 500 000 „
1 000 000 „	„	Osnabrück und Nauen = $^3/_4$ der Bahnlänge	750 000 „
3 000 000 „	„	Dortmund usw. und Osnabrück = $^1/_4$ der Bahnlänge	750 000 „
2 000 000 „	„	Osnabrück und Hannover/Hildesheim = $^1/_4$ der Bahnlänge	500 000 „
2 000 000 „	„	Hannover/Hildesheim und Magdeburg = $^1/_4$ der Bahnlänge .	500 000 „
1 000 000 „	„	Magdeburg und Nauen = $^1/_4$ der Bahnlänge	250 000 „
zus. 20 000 000 t		zusammen	10 000 000 t

Dabei ergibt sich folgende Belastung der Strecken:

Dortmund usw. bis Osnabrück	13,0	Millionen	t
Osnabrück—Hannover/Hildesheim . .	13,0	„	„
Hannover/Hildesheim—Magdeburg . .	8,5	„	„
Magdeburg—Nauen	5,5	„	„

Die Menge der im ganzen beförderten Güter beträgt 20 Millionen t. Zu den Beförderungslängen auf der Güterbahn, die nach den oben angegebenen rechnungsmäßigen Vereinfachungen 440, 330, 220, 110 km betragen, treten überall obige 2 . 30 = 60 km auf Zubringerlinien, so daß die ganzen Beförderungslängen sich auf 500, 390, 280, 170 km stellen. Die durchschnittliche Beförderungslänge auf der Güterbahn selbst beträgt 220 km, im ganzen 280 km.

b) Der Rechnung werden die im Kostenüberschlag ermittelten Kosten von 176 000 000 Mk. für die ganze Bahn von Dortmund/Herne bis Nauen zugrunde gelegt. Dies ergibt sowohl annähernd für das Kilometer tatsächlicher Baulänge zweigleisiger Bahn, wie für das Kilometer r e c h n u n g s m ä ß i g e r B e t r i e b s l ä n g e der ohne die

Verzweigung Dortmund/Herne, also einfach gedachten Bahn einen Preis von $\frac{176\,000\,000}{440} = 400\,000$ Mk. f. d. Kilometer.

c) Es werden, wie auf S. 26 angegeben, (wie in der Vorstudie) Wagen von 40 t Nutzlast und 16 t Eigengewicht vorausgesetzt, die nach obigem sämtlich von Westen nach Osten voll beladen, von Osten nach Westen zu einem Viertel der Zahl beladen, im übrigen leer laufen.

d) Es wird Lokomotivbetrieb mit Zügen von 30—50 Wagen, durchschnittlich 40 Wagen, angenommen, die sonach in der West-Ostrichtung je 1200—2000 t, durchschnittlich 1600 t Ladung, in der Ost-Westrichtung durchschnittlich 400 t Ladung enthalten. (In der Vorstudie waren durchweg Züge von 50 Wagen angenommen, die in einer Richtung voll, in der anderen leer laufen. Die jetzige Annahme dürfte aber der Wirklichkeit besser angepaßt sein.)

e) Die Grundgeschwindigkeit der Züge wird zu 30 km/Stunde angenommen.

f) Die Lokomotiven fahren (vergl. S. 32) bei doppelter Besetzung zweimal täglich je rd. 110 km hin und zurück, was bei der angenommenen Geschwindigkeit und den erforderlichen Aufenthalten und Wendezeiten etwa einem zehnstündigen Dienst entspricht. Wie bereits auf S. 33 erwähnt, sind Anlagen zur Unterbringung und Versorgung der Lokomotiven auf allen Bahnhöfen vorgesehen.

g) Es wird angenommen, daß bei dichtester Zugfolge in der Stunde in jeder Richtung 10 Züge (also in 6 Minuten Abstand) verkehren können. Dies erscheint bei Vorhandensein einer Streckenblockung wohl ausführbar, da bei 30 km Geschwindigkeit der Zugabstand von Lokomotive zu Lokomotive 3000 m beträgt, also bei rd. 700 m größter Zuglänge der Zwischenraum zwischen zwei Zügen reichlich dreimal so groß ist, als die Zuglänge. Diese engste Zugfolge entspricht bei 300 tägigem Betrieb von je 20 Stunden einer größten Beförderungsmenge der am stärksten belasteten Strecke von $20 \,.\, 10 \,.\, 300 \,.\, (1600 + 400) = 120\,000\,000$ t. Wenn man im Laufe des Jahres gleichmäßig verlaufende Schwankungen um 50 % des schwächsten Verkehrs, d. h. von 80—120 % des Durchschnitts voraussetzt (eine sehr ungünstige Annahme, vergl. auch S. 45), so beträgt die Leistungsfähigkeit der stärkst belasteten Strecke im Jahre 100 Millionen t, d. h. rd. das achtfache der hier vorausgesetzten von 13 Millionen t. (Tatsächlich ist die Leistungsfähigkeit noch größer, weil man bei stärkstem Verkehr längere Züge fahren kann und wird.) Bei dem hier vorausgesetzten Verkehr ergibt sich also auf den vier Teilstrecken als erforderlich eine Zugfolge von durchschnittlich

und zur Jahreszeit des stärksten Verkehrs:

$\frac{120}{13} \cdot 6 = 55$ Minuten	$\frac{1}{1,2} \cdot 55 = 46$ Minuten $= 26$ Züge
$\frac{120}{13} \cdot 6 = 55$ „	$\frac{1}{1,2} \cdot 55 = 46$ „ $= 26$ „
$\frac{120}{8,5} \cdot 6 = 85$ „	$\frac{1}{1,2} \cdot 85 = 71$ „ $= 17$ „
$\frac{120}{5,5} \cdot 6 = 131$ „	$\frac{1}{1,2} \cdot 131 = 109$ „ $= 11$ „

Diese Annahmen sind deshalb besonders ungünstig, weil bei stärkstem Verkehr naturgemäß im allgemeinen stärkere Züge fahren werden, als bei schwächstem Verkehr, so daß also die Zugzahlen sehr reichlich angenommen sind. Gleichwohl sollen die Einrichtungen der Bahn so getroffen werden, daß die Züge sich in $^1/_2$ Stunde Abstand folgen können, also auf den stärkst belasteten Strecken der größte Verkehr einer Richtung an jeder Stelle u. U. in 13 Stunden sich abwickeln kann. Es bleibt dann für die Bahnunterhaltung auf jedem Gleise ein Zeitraum von 11 Stunden, der nicht überall zu gleicher Tageszeit liegt, der u. U. auch in zwei oder mehrere kleinere Zeiträume geteilt sein kann.

h) Die Kosten für Unterhaltung und Ausbesserung der Lokomotiven und Wagen sollen (wie in der Vorstudie) nach den geleisteten Kilometern berechnet werden, also im geraden Verhältnis der Transportweite, wobei aber bei den Wagen für jeden Weg $2 \cdot 30 = 60$ km zuzuschlagen sind. Bei der Verzinsung und Tilgung der Beschaffungskosten der Lokomotiven und Wagen soll (während in der Vorstudie einmal mit gleichmäßigem Verkehr, das andere Mal mit 100 $^0/_0$ Verkehrsschwankung gerechnet war) nunmehr, wie oben, vorausgesetzt werden, daß der Verkehr im Laufe des Jahres zwischen 80 $^0/_0$ und 120 $^0/_0$ der durchschnittlichen Größe, d. h. um 50 $^0/_0$ des schwächsten Verkehrs schwankt. Diese Annahme ist, wie z. B. die Nachweisungen über die Wagengestellungen im Ruhrrevier zeigen (die stärkste Wagengestellung ist dort nur etwa um 25 $^0/_0$ größer, als die schwächste), reichlich ungünstig. Es ergibt sich bei ihr, daß 20$^0/_0$ Wagen mehr erforderlich sind, als bei ganz gleichmäßigem Verkehr. Es soll ferner ebenso, wie früher, für Rangieren, Zu- und Abführen, Be- und Entladen der Wagen einmal ein kleinster Zeitaufwand von 8 Stunden und einmal ein größter von 72 Stunden je für Hin- und Rücklauf zu sammen gerechnet werden. Darin ist enthalten der Zeitbedarf für das Durchlaufen von durchschnittlich 4 . 30 = 120 km Anschlußstrecken, d. h. rd. 4 Stunden, so daß für Be- und Entladung und Rangieren in einem Falle rd. 4 Stunden, im anderen rd. 68 Stunden verbleiben. Letzteres dürfte als Maximum reichlich gerechnet sein, ersteres namentlich in solchen Fällen genügen können, wo ein Rangieren auf den Endstationen nicht erforderlich wird.

i) In Verbindung mit dem Wasser- und Kohlenverbrauch der Lokomotiven soll, wie früher, nicht nur deren Verbrauch an Schmiermaterialien, sondern der gesamte Verbrauch an Betriebsmaterialien ausschließlich Kohlen, Koks, Briketts berechnet werden, und zwar nach dem Verhältnis der geleisteten Wagenachskilometer zu denen der preußisch-hessischen Staatsbahnen. In der Vorstudie war ausgeführt, daß die Berechnung nach den Wagenachskilometern zu große Beträge ergibt, weil infolge der auf der geplanten Bahn gegenüber den preußisch-hessischen Staatsbahnen im Verhältnis zu den Wagenachskilometern viel kleineren Zahl von Lokomotivkilometern im Zug- und Rangierdienst weniger Schmiermaterial verbraucht wird, namentlich aber weil die ganzen Einrichtungen der geplanten Bahn viel einfacher sein werden, als die der preußisch-hessischen Staatsbahnen, weil also alle diejenigen Betriebsmaterialien, die außerhalb des Zugdienstes verbraucht werden (zur Reinigung, Erleuchtung der Personenbahnhöfe, Bureaus, der Bahnsteige, zur Telegraphie usf.), auch die Materialien zur Reinigung und Beleuchtung der Personenwagen bei der neuen Bahn in sehr viel geringerem Umfange erforderlich sein werden. Nach dem preußischen Eisenbahnetat für 1906 entfällt rd. die Hälfte der Kosten an Betriebsmaterialien auf rohes Rüböl, gereinigtes Rüböl, Petroleum, Mineral-Schmieröl, Putzbaumwolle, der Rest auf alle anderen Betriebsmaterialien zusammen. Nimmt man an, daß erstere Betriebsmaterialien bei der Berechnung nach den Wagenachskilometern voll in Rechnung gestellt werden, letztere dagegen zur Hälfte, so rechnet man jedenfalls noch sehr reichlich. Im ganzen werden hiernach rd. $^3/_4$ der nach der früheren Berechnungsweise sich ergebenden Kosten berechnet werden.

k) Die Unterhaltung und Ergänzung der Inventarien, die Beschaffung von Drucksachen, Schreib- und Zeichenmaterialien soll (wie in der Vorstudie) gleichfalls nach dem Verhältnis der Achskilometer, jedoch wegen der sehr viel einfacheren Verhältnisse mit einem Drittel des nach dem Verhältnis zu den preußisch-hessischen Staatsbahnen sich ergebenden Betrages in Rechnung gestellt werden.

l) Die Unterhaltung und Erneuerung der baulichen Anlagen wird in der Berechnung selbst einer besonderen Erörterung unterzogen.

m) Alle Gehälter werden nach Maßgabe der Durchschnittsgehälter bei den preußisch-hessischen Staatsbahnen nebst durchschnittlichem Wohnungsgeldzuschuß nach dem Stande von 1905 angesetzt, zuzüglich 15 % für Wohlfahrtseinrichtungen und Pensionen, wie in der Berechnung in der Vorstudie, jedoch mit ferneren 25 % Zuschlag, um die Vertretungskosten in Beurlaubungs- und Krankheitsfällen zu decken und um den teils schon eingetretenen, teils zu erwartenden Erhöhungen der Beamtengehälter und Pensionen jedenfalls gerecht zu werden.

Im übrigen sind die bei der Berechnung gemachten Annahmen an Ort und Stelle erläutert.

Nach vorstehenden Ausführungen hat die Berechnung der Beförderungskosten von 1 t bei einem Baukostenpreis von 400 000 Mk. f. d. Kilometer und bei 10 Millionen Tonnen gesamter durchschnittlicher jährlicher Verkehrsmenge für folgende Fälle zu geschehen:

A. Für die Beförderungsweiten von 440 km (2,5 Millionen Tonnen), 330 km ($2 + 1 = 3$ Millionen Tonnen), 220 km ($5{,}5 + 1 = 6{,}5$ Millionen Tonnen), 110 km ($3 + 2 + 2 + 1 = 8$ Millionen Tonnen), wobei jedesmal die Beförderungskosten für $2 \cdot 30$ km vorheriger und nachheriger Beförderung als Zuschlag (wie oben angegeben) zu berücksichtigen sind (vier Fälle).

B. Für von 80 % bis 120 % des durchschnittlichen schwankenden Verkehr (ein Fall).

C. Für 8 und 72 Stunden Zeitaufwand für Zustellen, Be- und Entladen (zwei Fälle). Hiernach ergeben sich im ganzen $4 \cdot 2 = 8$ Fälle.

Die nachstehende Berechnung gliedert sich in die Ermittlung folgender Kostenanteile:

4 Zahlengruppen für die 4 Beförderungsweiten.

1. Beförderungskosten einschließlich anderer Kosten, die in geradem Verhältnis der Transportleistung wachsen, und zwar Kosten für:
   a) Verbrauch an Kohlen, Wasser und Betriebsmaterialien.
   b) Lokomotivmannschaften, einschließlich der Mannschaften für Versorgung der Lokomotiven.
   c) Zugmannschaften.

d) Unterhaltung und Ausbesserung der Lokomotiven.

e) Unterhaltung und Ausbesserung der Wagen.

f) Unterhaltung und Ergänzung der Inventarien usw.

1 Zahl für alle Fälle gleich.	2. Rangierkosten (d. h. Lokomotivkraft, Personalkosten und Beleuchtungskosten der Bahnhöfe usf.).
4 . 2 = 8 Zahlen für 2 Fälle der Wagenausnutzung und 4 Beförderungsweiten.	3. Verzinsung und Tilgung der Beschaffungskosten der Wagen.
1 . 4 = 4 Zahlen für 1 Fall der Lokomotivausnutzung und 4 Beförderungsweiten.	4. Verzinsung und Tilgung der Beschaffungskosten der Lokomotiven.
4 Zahlen.	5. Verzinsung und Tilgung der Baukosten. Fester Satz f. d. Kilometer, dividiert durch die durchschnittliche Beförderungsmenge von 10 000 000 Tonnen, und multipliziert mit der Beförderungsweite (4 Fälle). (Die durchschnittliche Verteilung dieser Kosten erscheint unbedenklich.)
4 Zahlen.	6. Stationskosten und Streckenbewachungskosten ausschließlich Signalbedienung und Lokomotivbedienung (unter 8 bezw. 1 b berücksichtigt). Fester Satz, dividiert durch die gesamte Beförderungsmenge und durch die Zahl 440 und multipliziert mit der Beförderungsweite (4 Fälle).
4 Zahlen.	7. Unterhaltung und Erneuerung der baulichen Anlagen. Eine Zahl f. d. Kilometer, dividiert durch die durchschnittliche Beförderungsmenge von 10 000 000 Tonnen und multipliziert mit der Beförderungsweite. (Auch hier erscheint es zur Vereinfachung unbedenklich, die Unterhaltungskosten nach der durchschnittlichen Verkehrsstärke der ganzen Bahn zu berechnen.)

4 Zahlen. 8. Bedienung der Signale und Blockeinrichtungen. Gerechnet 1 Zahl f. d. Kilometer, multipliziert mit der Beförderungsweite.

1 Zahl. 9. Kosten der Zu- und Abführung. Hier ist ein fester Zuschlag von $0{,}015 \cdot 60 = 0{,}90$ Mk. für die Tonne gemacht.

4 Zahlen. 10. Staats- und Kommunalsteuern, Haftpflichtentschädigung, Ersatzleistungen und sonstige Entschädigungen und:

11. Kosten der allgemeinen Verwaltung (ausschließlich Papier und Drucksachen) sowie Abfertigungskosten.

Für 10 und 11 ist ein Zuschlag gemacht. Die Ergebnisse der nachstehenden Berechnung werden alsdann in einer Tabelle, Anlage II zusammengestellt, deren drittletzte Spalte die 8 verschiedenen Zahlen für die Beförderungskosten von 1 t über die vier angenommenen Beförderungsweiten enthält.

B. Ausführung der Berechnung.

1. Beförderungskosten einschließlich anderer Kosten, die in geradem Verhältnis zur Transportleistung wachsen.

a) Kohlen, Wasser und Betriebsmaterialien.

Der Widerstand für die Tonne Zuggewicht beträgt nach üblicher Annahme:

$$w = 2{,}4 + \frac{V^2}{1300} + s, \text{ d. h. bei } V = 30 \text{ km},$$

$$w = 2{,}4 + \frac{900}{1300} + s = 2{,}4 + 0{,}7 + s = 3{,}1 + s.$$

In der zu der Vorstudie gehörenden Berechnung war s durchschnittlich = 2 angenommen. Bei der jetzt der Rechnung unterzogenen Bahn bestehen zwischen den Bahnhöfen folgende Längenabstände, Höhenunterschiede und durchschnittliche Neigungen:

	Lage km	Höhe über N. N.	Entfernung	Höhenunterschied	Neigung Steigung ‰	Neigung Fall ‰
Dortmund	1,50	71,00*)				
Herne	1,50	57,00*)				
				— 8,03		0,15
Münster	54,40	55,97				
				+ 35,83	0,67	
Neuenkirchen (Osnabrück)	107,65	91,80				
				— 26,80		0,50
Stadthagen	162,25	65,00	durchschnittlich 53,25 km			
				+ 2,50	0,05	
Hannover/Hildesheim	215,00	67,50				
				+ 16,50	0,31	
Braunschweig	266,25	84,00				
				— 14,70		0,29
Neuhaldensleben (Magdeburg)	318,50	69,30				
				— 36,80		0,69
Genthin/Rathenow	372,50	32,50				
				— 1,50		0,03
Nauen	427,50	31,00				
				durchschnittlich	$\frac{1,03}{8}$	$\frac{1,66}{8}$
				„	= 0,129 ‰	= 0,21 ‰

Bei dieser Berechnung der durchschnittlichen Neigung, die in westöstlicher Richtung eine Steigung von 0,129 ‰, in ostwestlicher eine solche von 0,21 ‰ ergibt, sind allerdings die zwischenliegenden sich aufhebenden Steigungen und Gefälle nicht berücksichtigt. Rechnet man in derselben Weise, wie vor, durch die ganze Bahnlänge, d. h. addiert man sämtliche in einer Richtung stattfindenden Hebungen und dividiert deren Summe durch die ganze Länge, so erhält man in westöstlicher Richtung von Herne bis Nauen eine Durchschnittssteigung von 0,43 ‰, in ostwestlicher eine solche von 0,49 ‰. Das ist aber jedenfalls erheblich zu ungünstig gerechnet, weil die mit den Steigungen abwechselnden Gefälle Kraft sparen. Theoretisch kann man sogar, weil nirgends die Bremsneigung erreicht geschweige denn überschritten wird, die Gefälle vollständig von den Steigungen abziehen. Praktisch wird man darauf Rücksicht nehmen müssen, daß die Lokomotiven bei Abwechslung von Steigung und Fall weniger vorteilhaft arbeiten, als in der Wagerechten.

Nach allem dürfte es reichlich ungünstig gerechnet sein, wenn für alle Transporte gleichmäßig eine Steigung von 0,4 ‰ angenommen wird.

Es wird dann $w = 3{,}1 + 0{,}4 = 3{,}5$ ‰.

*) Durchschnittlich 64,00.

Der Zug besteht durchschnittlich aus 40 Wagen zu 40 t und von 16 t Eigengewicht und verkehrt in einer Richtung stets voll, in der anderen mit $^1/_4$ Ladung. Für die Lokomotive wird bei Voraussetzung einer Reibungszugkraft von 20 t ein Betriebsgewicht von rd. 130 t, für den Tender ein solches von 70 t, zusammen 200 t angenommen.

Dann sind die Gewichte eines Zugpaares durchschnittlich:

$$\text{Lastrichtung } 40 \cdot 16 + 40 \cdot 40 + 200 = 2440 \text{ t},$$
$$\text{Leerrichtung } 40 \cdot 16 + 10 \cdot 40 + 200 = 1240 \text{ t},$$

und die Widerstände

$$\text{Lastrichtung } w = 2440 \cdot 3{,}5 = 8540 \text{ kg},$$
$$\text{Leerrichtung } w = 1240 \cdot 3{,}5 = 4340 \text{ kg}.$$

Die Leistung für einen Zug stellt sich hiernach:

	Bei 440 km	**Bei 330 km**	**Bei 220 km**	**Bei 110 km**
Lastrichtung	3 757 600 kgkm	2 818 200 kgkm	1 878 800 kgkm	939 400 kgkm
Leerrichtung	1 909 600 „	1 432 200 „	954 800 „	477 400 „

Zu dieser Leistung tritt auf alle 55 km die Anfahrarbeit, also bei 440 km 8 mal, bei 330 km 6 mal, bei 220 km 4 mal, bei 110 km 2 mal.

Es ist annähernd die Anfahrarbeit:

$$A = \frac{4\,V^2\,G}{1000} \text{ in mt oder kgkm, wobei G das Zuggewicht.}$$

Also ist im Einzelfalle:

Für den durchschnittlichen Zug der Lastrichtung

$$A' = \frac{4 \cdot 30^2}{1000} \cdot 2440 = 8784 \text{ kgkm},$$

für den durchschnittlichen Zug der Leerrichtung

$$A'' = \frac{4 \cdot 30^2}{1000} \cdot 1240 = 4464 \text{ kgkm}$$

Zusammen für ein Zugpaar $A = 13\,248$ kgkm

oder für die ganze Strecke:

Bei 440 km	**Bei 330 km**	**Bei 220 km**	**Bei 110 km**
8 . 13 248 =	6 . 13 248 =	4 . 13 248 =	2 . 13 248 =
105 984 kgkm	79 488 kgkm	52 992 kgkm	26 496 kgkm

Die Gesamtleistung für beide Gegenzüge zusammen wird hiernach:

Bei 440 km	Bei 330 km	Bei 220 km	Bei 110 km
3 757 600	2 818 200	1 878 800	939 400
1 909 600	1 432 200	954 800	477 400
105 984	79 488	52 992	26 496
5 773 184 kgkm	4 329 888 kgkm	2 886 592 kgkm	1 443 296 kgkm

Für 1000 kgkm kann man bei Verwendung von Verbundlokomotiven und der hier in Frage kommenden Geschwindigkeit sowie bei Verwendung geeigneter Lokomotiven nach Eisenbahntechnik der Gegenwart, 2. Aufl. Bd. I S. 83, als Verbrauch rechnen:

4 kg Kohle und 32 kg Wasser.

Nach Garbe (Die Dampflokomotiven der Gegenwart, S. 225) ist bei Heißdampfzwillingslokomotiven der Kohlenverbrauch um rd. 20 %, der Wasserverbrauch bis zu 30 % geringer, als bei Naßdampfverbundlokomotiven. Es ist also reichlich ungünstig gerechnet, wenn für 1000 kgkm hier ein Kohlenverbrauch von 3,5 kg, ein Wasserverbrauch von 30 kg gerechnet wird.

Hiernach ergibt sich ein Verbrauch für das Zugpaar:

	Bei 440 km	Bei 330 km	Bei 220 km	Bei 110 km
	20,206 t Kohle	15,155 t Kohle	10,103 t Kohle	5,052 t Kohle
	173,195 cbm Wasser	129,897 cbm Wasser	86,598 cbm Wasser	43,299 cbm Wasser
Hierzu für Anheizen Kohle rd.	1,2 t	0,9 t	0,6 t	0,3 t
Für sonstigen Verbrauch zur Abrundung	0,594 t	0,445 t	0,297 t	0,148 t
Gesamtkohlenverbrauch	22,00 t	16,50 t	11,00 t	5,50 t
Gesamtwasserverbrauch einschl. Abrundung	200 cbm	150 cbm	100 cbm	50 cbm

Bei einem Preise von 14 Mk. für die Tonne Kohlen und 0,10 Mk. für das Kubikmeter Wasser ergeben sich hiernach:

	Bei 440 km	Bei 330 km	Bei 220 km	Bei 110 km
Für Kohlen	22,00 . 14 = 308,00 Mk.	16,50 . 14 = 231,00 Mk.	11,00 . 14 = 154,00 Mk.	5,50 . 14 = 77,00 Mk.
Für Wasser	200 . 0,10 = 20,00 Mk.	150 . 0,10 = 15,00 Mk.	100 . 0,10 = 10,00 Mk.	50 . 0,10 = 5,00 Mk.

In Verbindung mit dem Wasser- und Kohlenverbrauch soll nicht nur der Verbrauch an Schmiermaterialien für die Lokomotiven, sondern der gesamte Verbrauch an Betriebsmaterialien ausschließlich Kohlen, Koks, Briketts, nach Verhältnis der Wagenachskilometer zu denen der preußisch-hessischen Staatsbahnen ermittelt werden, aber nur zu $^3/_4$ berechnet (Begründung s. oben S. 46). Es werden also an Stelle der in der Berechnung zur Vorstudie (s. S. 117) ermittelten 1,40 Mk. auf 1000 Wagenachskilometer 1,05 Mk. auf 1000 Wagenachskilometer zu rechnen sein. Hierbei sollen die Zustellungsfahrten (je 30 km) nicht mit angesetzt werden, weil diese gewissermaßen an Stelle der umfangreichen Rangierbewegungen der gewöhnlichen Eisenbahnen treten, die bei diesen bei der Ermittlung der Wagenachskilometer auch nicht berücksichtigt sind.

Hiernach erfordert ein Zugpaar von durchschnittlich 4 . 40 = 160 Achsen an Betriebsmaterialien:

Bei 440 km	Bei 330 km	Bei 220 km	Bei 110 km
$\frac{2 \cdot 440 \cdot 160 \cdot 1{,}05}{1000}$	$\frac{2 \cdot 330 \cdot 160 \cdot 1{,}05}{1000}$	$\frac{2 \cdot 220 \cdot 160 \cdot 1{,}05}{1000}$	$\frac{2 \cdot 110 \cdot 160 \cdot 1{,}05}{1000}$
= 147,84 Mk.	= 110,88 Mk.	= 73,92 Mk.	= 36,96 Mk.

Im ganzen ergeben sich hiernach für Kohlen, Wasser und Betriebsmaterialien folgende Aufwendungen für ein Zugpaar:

	Bei 440 km	Bei 330 km	Bei 220 km	Bei 110 km
Kohlen	308,00 Mk.	231,00 Mk.	154,00 Mk.	77,00 Mk.
Wasser	20,00 „	15,00 „	10,00 „	5,00 „
Betriebsmaterialien	147,84 „	110,88 „	73,92 „	36,96 „
Zusammen	475,84 Mk.	356,88 Mk.	237,92 Mk.	118,96 Mk.

oder bei beförderten (40 + 10) . 40 = 2000 t für die beförderte Tonne:

Bei 440 km	Bei 330 km	Bei 220 km	Bei 110 km
0,238 Mk.	0,179 Mk.	0,119 Mk.	0,060 Mk.

b) Lokomotivmannschaften, einschließlich der Mannschaften für Versorgung der Lokomotiven. Es wird angenommen, daß nach je 110 km die Lokomotive umkehrt, und daß bei zweimaliger Besetzung jedes Personal eine Hin- und Rückfahrt von 110 + 110 km oder an Zeit $\frac{220}{30}$ + Zuschläge für langsamere Fahrt, Aufenthalte, Vorbereitungs- und Kehrzeit, d. h. rd. 10 Stunden zu leisten hat. Hierbei ist vorauszusetzen, daß, wie dies bei doppelter Besetzung zweckmäßig ist, die

Vorbereitung und Instandsetzung der Lokomotiven in der Hauptsache durch besonderes Schuppenpersonal erfolgt.

Zur Förderung des Zugpaares sind hiernach erforderlich:

Bei 440 km	**Bei 330 km**	**Bei 220 km**	**Bei 110 km**
4 Personale	3 Personale	2 Personale	1 Personal.

Es wird angenommen, daß für die großen Lokomotiven, wie sie hier in Aussicht genommen sind, 3 Mann zur Bedienung erforderlich sind, d. h. 1 Lokomotivführer und 2 Heizer.

An Gehalt eines Personals + 15 % Zuschlag sind in der Berechnung zur Vorstudie (S. 118) ermittelt 5500 Mk., d. h. bei 300 Diensttagen für den Tag $\frac{5500}{300}$ = 18,33 Mk. Hierzu treten Kilometergelder, Prämien und Nachtgelder. Erstere betragen für 220 km für ein Personal $\frac{220 . 25 \text{ Pf.}}{10}$ = 5,50 Mk., letztere $\frac{220 . 16{,}5 \text{ Pf.}}{10}$ = 3,63 Mk., zusammen 9,13 Mk. Nachtgelder werden nur in wenigen Fällen zu zahlen sein, da die Lokomotivpersonale in der Regel durch ihre Tour zur Heimatstation zurückgeführt werden. Es dürfte daher genügen, im Durchschnitt hierfür (zur Abrundung) 0,54 Mk. zu rechnen. Dann betragen die Ausgaben für die Lokomotivpersonale:

Bei 440 km	**Bei 330 km**	**Bei 220 km**	**Bei 110 km**
4 . (18,33 + 9,13 + 0,54)	3 . (18,33 + 9,13 + 0,54)	2 . (18,33 + 9,13 + 0,54)	1 . (18,33 + 9,13 + 0,54)
= 112,00 Mk.	= 84,00 Mk.	= 56,00 Mk.	= 28,00 Mk.

Hierzu werden mit Rücksicht auf Vertretungen sowie auf Erhöhung der Gehälter und Pensionen 25 % zugeschlagen (s. S. 47):

140,00 Mk.	105,00 Mk.	70,00 Mk.	35,00 Mk.

Mit Rücksicht auf die bei Versorgung der Lokomotiven in den Schuppen und unterwegs tätigen Leute, sowie auf Bereitschaftsdienst und für die bei starkem Verkehr mehr erforderlichen Mannschaften, soweit sie bei schwachem Verkehr nicht genügend in den Werkstätten ausgenutzt werden, abzurunden auf:

170,00 Mk.	127,50 Mk.	85,00 Mk.	42,50 Mk.

Hiernach entfallen an Kosten für Lokomotivmannschaften auf die Tonne Ladung:

Bei 440 km	**Bei 330 km**	**Bei 220 km**	**Bei 110 km**
$\frac{170{,}00}{2000}$ =	$\frac{127{,}50}{2000}$ =	$\frac{85{,}00}{2000}$ =	$\frac{42{,}50}{2000}$ =
0,085 Mk.	0,064 Mk.	0,043 Mk.	0,021 Mk.

c) Zugmannschaften. Nach dem in der Berechnung zur Vorstudie ermittelten Satz von 16 Mk. an Gehalt usf. für ein aus 1 Zugführer und 2 Schmierern bestehendes Zugpersonal ergeben sich für ein Zugpaar:

Bei 440 km	**Bei 330 km**	**Bei 220 km**	**Bei 110 km**
4 . 16 = 64,00 Mk.	3 . 16 = 48,00 Mk.	2 . 16 = 32,00 Mk.	1 . 16 = 16,00 Mk.

Hierzu an Kilometergeldern nach den preußischen Sätzen:

$\frac{0{,}21 \,.\, 880}{10} =$	$\frac{0{,}21 \,.\, 660}{10} =$	$\frac{0{,}21 \,.\, 440}{10} =$	$\frac{0{,}21 \,.\, 220}{10} =$
18,48 Mk.	13,86 Mk.	9,24 Mk.	4,62 Mk.

Dies ergibt an Kosten der Zugmannschaften für ein Zugpaar im ganzen:

82,48 Mk.	61,86 Mk.	41,24 Mk.	20,62 Mk.

oder (wie zu b) mit 25 % Zuschlag:

103,10 Mk.	77,33 Mk.	51,55 Mk.	25,78 Mk.

Mit Rücksicht auf die bei starkem Verkehr mehr erforderlichen Mannschaften, soweit sie nicht bei schwachem Verkehr im Bahnerhaltungsdienst u. dgl. ausreichend Verwendung finden, erhöht auf:

110,00 Mk.	82,50 Mk.	55,00 Mk.	27,50 Mk.

und für die Tonne Ladung:

$\frac{110{,}00}{2000} =$	$\frac{82{,}50}{2000} =$	$\frac{55{,}00}{2000} =$	$\frac{27{,}50}{2000} =$
0,055 Mk.	0,041 Mk.	0,028 Mk.	0,014 Mk.

d) Unterhaltung und Ausbesserung der Lokomotiven. Auf den preußisch-hessischen Staatsbahnen hat die gewöhnliche Unterhaltung der Lokomotiven und Tender gekostet:

1904 rd. 43 Millionen Mark,

bei einem Wert der Lokomotiven von rd. 652,3 Millionen Mk., oder $\frac{1}{15{,}2}$ des Wertes bei rd. 44 000 km durchschnittlichen Leistungen einer Lokomotive.

Im vorliegenden Fall wird der Wert einer Lokomotive nebst Tender zu 180 000 Mk. angenommen. Auf Zug und Gegenzug entfallen bei den vier Beförderungsweiten an Lokomotivkilometern:

880	660	440	220,

mithin an Unterhaltungs- und Ausbesserungskosten:

Bei 440 km	**Bei 330 km**	**Bei 220 km**	**Bei 110 km**
$\frac{880 \,.\, 180\,000}{44\,000 \,.\, 15{,}2} =$	$\frac{660 \,.\, 180\,000}{44\,000 \,.\, 15{,}2} =$	$\frac{440 \,.\, 180\,000}{44\,000 \,.\, 15{,}2} =$	$\frac{220 \,.\, 180\,000}{44\,000 \,.\, 15{,}2} =$
236,8 Mk.	177,6 Mk.	118,4 Mk.	59,2 Mk.

Hiervon entfällt auf die beförderte Tonne $\frac{1}{2000}$, d. h.

0,119 Mk.	0,089 Mk.	0,059 Mk.	0,029 Mk.

e) Unterhaltung und Ausbesserung der Wagen. Nach den Ermittlungen in der Berechnung zur Vorstudie (S. 119/120) kosten Unterhaltung und Ausbesserung eines Wagens von 9000 Mk. Beschaffungskosten für 1000 km Lauf: 17,60 Mk. Daher entfallen auf eine Doppelreise in Zug und Gegenzug einschließlich der Zustellungsfahrten:

Bei 440 + 60 km	**Bei 330 + 60 km**	**Bei 220 + 60 km**	**Bei 110 + 60 km**
$\frac{17{,}60 \,.\, 1000}{1000} =$	$\frac{17{,}60 \,.\, 780}{1000} =$	$\frac{17{,}60 \,.\, 560}{1000} =$	$\frac{17{,}60 \,.\, 340}{1000} =$
17,60 Mk.	13,73 Mk.	9,86 Mk.	5,98 Mk.,

und für die beförderte Tonne bei im ganzen beförderten $40 + 10 = 50$ Tonnen:

0,352 Mk.	0,275 Mk.	0,197 Mk.	0,120 Mk.

Diese Rechnung nach den Ausbesserungskosten der preußisch-hessischen Staatsbahnen erscheint trotz der mehr maschinellen Einrichtung der hier in Frage kommenden Wagen zulässig, weil

1. weniger Rangierbeschädigungen zu erwarten sind,
2. die Wagen nicht auf beliebige fremde Bahnen übergehen,
3. die Abnutzung durch die Witterung sich nicht im Verhältnis der stärkeren Benutzung erhöht,
4. die Wagen durchgängig auf guten Gleisen laufen und wenig Krümmungen und Weichen befahren.

f) Die Unterhaltung und Ergänzung der Inventarien sowie Beschaffung von Drucksachen, Schreib- und Zeichenmaterialien soll (nach der Ermittlung in der Vorstudie) so berechnet werden, daß auf rd. 1000 Wagenachskilometer $\frac{1{,}0}{3}$ M. gerechnet wird. Danach sind hier für Zug und Gegenzug zu rechnen bei durchschnittlich 40 Wagen zu 4 Achsen:

Bei 440 km	**Bei 330 km**	**Bei 220 km**	**Bei 110 km**
$\frac{40 . 4 . 880 . 1{,}0}{1000 . 3} =$	$\frac{40 . 4 . 660 . 1{,}0}{1000 . 3} =$	$\frac{40 . 4 . 440 . 1{,}0}{1000 . 3} =$	$\frac{40 . 4 . 220 . 1{,}0}{1000 . 3} =$
46,94 Mk.	35,20 Mk.	23,47 Mk.	11,74 Mk.

oder für die beförderte Tonne bei im ganzen beförderten 2000 Tonnen:

0,023 Mk.	0,018 Mk.	0,012 Mk.	0,006 Mk.

2. Rangierkosten. Wie in der Berechnung zur Vorstudie begründet wurde, werden für jeden Wagen im Hin- und Rücklauf zusammen im ganzen 4 Rangierungen zu 0,50 Mk., d. h. zusammen 2,0 Mk., daher für die Tonne Nutzlast $\frac{2{,}0}{50} = 0{,}04$ Mk. in allen Fällen angesetzt. Dieser Betrag erscheint auch in Anbetracht der Erhöhung von Gehältern und Pensionen reichlich ausreichend, weil viele Wagen gar keiner Rangierung, andere nur einer summarischen Rangierung bedürfen werden.

3. Verzinsung und Tilgung der Beschaffungskosten der Wagen. Da die Züge mit 30 km Grundgeschwindigkeit verkehren sollen, da etwaige Verminderung dieser Geschwindigkeit in den flachen Steigungen durch Vermehrung in den Gefällen ausgeglichen werden kann, und da alle 55 km ein auf 10 Minuten (einschließlich Bremsen und Anfahren) zu schätzender Aufenthalt stattfindet, so gebraucht ein Wagen von Bahnhof zu Bahnhof einschließlich eines Aufenthaltes $\frac{55}{30} + \frac{1}{6} = 2$ Stunden, also im Hin- und Rücklauf zusammen ohne die Aufenthalte auf den Endstationen und bei der Be- und Entladung und ohne die Bewegung auf den Anschlußstrecken:

Bei 440 km	**Bei 330 km**	**Bei 220 km**	**Bei 110 km**
32 Stunden	24 Stunden	16 Stunden	8 Stunden.

Hierzu treten für Be- und Entladung, für den Lauf auf den Anschlußstrecken und für den — nicht bei allen Wagen erforderlichen — Zeitaufwand für das Rangieren im günstigsten Falle 8 Stunden, im ungünstigsten 72 Stunden (s. S. 45/46).

Dann ergeben sich im günstigsten Falle die Zeitaufwände eines Wagens für Hin- und Rücklauf:

Bei 440 km	**Bei 330 km**	**Bei 220 km**	**Bei 110 km**
zu 40 Stunden	zu 32 Stunden	zu 24 Stunden	zu 16 Stunden.

Hierzu ein Zuschlag von 10 % für Reparaturstand, ergibt den rechnungsmäßigen Zeitaufwand zu:

44 Stunden	35,2 Stunden	26,4 Stunden	17,6 Stunden.

Die diesem günstigsten Zeitaufwand entsprechend zu ermittelnde Wagenzahl genügt nur, wenn der Verkehr fast ganz gleichmäßig ist, so daß man dem in geringem Maße schwankenden Wagenbedarf durch geeignete Wahl der Zeiten für Ausbesserung und Untersuchung der Wagen sich anpassen kann. Nach der oben (S. 44/45) gemachten Annahme, daß Verkehrsschwankungen in dem Maße stattfinden, daß der stärkste Verkehr das anderthalbfache des schwächsten und um 20 % größer als der durchschnittliche ist, sind beim stärksten Verkehr rd. 20 % mehr Wagen erforderlich, als wenn sich derselbe jährliche Gesamtverkehr gleichmäßig über das ganze Jahr verteilen würde. Einen dementsprechenden Zuschlag zu den Kosten zu rechnen, ist deshalb besonders reichlich, weil, wie auf S. 45 ausgeführt, die Annahme so starker Verkehrsschwankungen sehr ungünstig ist, und weil man die Ausbesserungen und Untersuchungen hauptsächlich in die verkehrsschwachen Zeiten verlegen kann. Es wird dann der rechnungsmäßige Zeitaufwand für Hin- und Rücklauf eines Wagens:

Bei 440 km	**Bei 330 km**	**Bei 220 km**	**Bei 110 km**
52,8 Stunden	42,24 Stunden	31,68 Stunden	21,12 Stunden.

Im ungünstigsten Fall, d. h. bei 72 Stunden Zeitaufwand für Rangieren, Zustellung, Be- und Entladung ergeben sich als Zeitbedarf eines Wagens für Hin- und Rücklauf zusammen:

Bei 440 km	**Bei 330 km**	**Bei 220 km**	**Bei 110 km**
32 + 72 =	24 + 72 =	16 + 72 =	8 + 72 =
104 Stunden	96 Stunden	88 Stunden	80 Stunden.

Hierzu ein Zuschlag von 10 % für Reparaturstand ergibt den rechnungsmäßigen Zeitaufwand zu

114,4 Stunden	105,6 Stunden	96,8 Stunden	88 Stunden.

Mit Rücksicht auf Verkehrsschwankungen erhöhen sich diese Zahlen, wie oben, auf:

137,28 Stunden	126,72 Stunden	116,16 Stunden	105,6 Stunden.

Der Preis eines Wagens von 40 t Ladefähigkeit mit durchgehender Bremse wird angenommen zu 9000 Mk. Für Verzinsung werden 4 % und für Tilgung 4 %, zusammen 8 %, gerechnet, d. h. jährlich 720 Mk. oder für die Arbeitsstunde $\frac{720}{300 \cdot 24} = {}^1/_{10}$ Mk. oder für die beförderte Tonne Nutzlast für die Arbeitsstunde $\frac{1}{10 \cdot 50} = {}^1/_{500}$ Mk.

Hiernach ergibt sich in den beiden in Rechnung gezogenen Fällen der Wagenausnutzung für die 4 Beförderungsweiten folgender Aufwand an Wagenverzinsungs- und Abschreibungskosten für die beförderte 1 Tonne:

(Kosten der Arbeitsstunde für die Tonne mal Zeitbedarf für einen Hin- und Rücklauf):

	Bei 440 km	**Bei 330 km**	**Bei 220 km**	**Bei 110 km**
1. 8 Stunden Zustellung, Be- und Entladung usf. . . .	0,106 Mk.	0,084 Mk.	0,063 Mk.	0,042 Mk.
2. 72 Stunden Zustellung, Be- und Entladung usf. . . .	0,275 Mk.	0,253 Mk.	0,232 Mk.	0,211 Mk.

4. Verzinsung und Tilgung der Beschaffungskosten der Lokomotiven.

Bei 180 000 Mk. Beschaffungskosten einer Lokomotive kosten Verzinsung und Abschreibung, erstere zu 4 %, letztere zu 6 %, zusammen zu 10 % gerechnet, jährlich 18 000 Mk., oder täglich $\frac{18\,000}{300} = 60{,}00$ Mk.

Erforderlich sind für Zug und Gegenzug zusammen bei 440 km Tagesleistung einer Lokomotive:

Bei 440 km	**Bei 330 km**	**Bei 220 km**	**Bei 110 km**
2 Lokomotiven = 120,00 Mk.	$1\frac{1}{2}$ Lokomotiven = 90,00 Mk.	1 Lokomotive = 60,00 Mk.	$\frac{1}{2}$ Lokomotive = 30,00 Mk.

und zuzüglich 25 % für Reparaturstand und Bereitschaftsdienst:

150,00 Mk.	112,50 Mk.	75,00 Mk.	37,50 Mk.

Infolge der Annahme einer Verkehrsschwankung von 80 % bis 120 % des Durchschnitts sind 20 % mehr Lokomotiven erforderlich, d. h. es betragen die Verzinsungs- und Abschreibungskosten für Zug und Gegenzug zusammen:

180,00 Mk.	135,00 Mk.	90,00 Mk.	45,00 Mk.

Von diesen Kosten entfällt auf die beförderte Tonne $^1/_{2000}$, d. h.

0,090 Mk.	0,068 Mk.	0,045 Mk.	0,023 Mk.

5. Verzinsung und Tilgung der Baukosten.

Die Baukosten der Bahn betragen nach dem anliegenden Kostenüberschlag für die 440 km lange Strecke von Dortmund/Herne bis Nauen, alle Bahnhöfe und die Bauwerke der Gleisanschlüsse einbegriffen, auch einschließlich des Grunderwerbs, 176 000 000 Mk., d. h. f. d. Kilometer 400 000 Mk. (In der früheren Berechnung war für die beiden Preise von $\frac{250\,000 \text{ Mk.}}{\text{km}}$ und $\frac{500\,000 \text{ Mk.}}{\text{km}}$ gerechnet.)

Bei einem Satz von $4^1/_2$ % für Verzinsung und Tilgung zusammen sind für die Bahn in obiger Ausdehnung jährlich aufzubringen

$$\frac{176\,000\,000}{100} \,.\, 4{,}5 = 7\,920\,000 \text{ Mk.}$$

Hiervon entfällt auf eine beförderte Tonne, falls sie die ganze Bahnlänge durchläuft, $^1/_{10\,000\,000}$, falls sie $^3/_4$ der Bahnlänge durchläuft, $\frac{3}{4} \frac{1}{.\,10\,000\,000}$, falls sie die halbe Bahnlänge durchläuft, $\frac{1}{2\,.\,10\,000\,000}$ falls sie $^1/_4$ der Bahnlänge durchläuft, $\frac{1}{4\,.\,10\,000\,000}$. Hiernach ergibt sich für die Beförderungsweiten folgender Kostenanteil für eine beförderte Tonne:

Bei 440 km	**Bei 330 km**	**Bei 220 km**	**Bei 110 km**
0,792 Mk.	0,594 Mk.	0,396 Mk.	0,198 Mk.

6. Stationskosten und Streckenbewachungskosten, letztere ausschließlich Signalbedienung.

Auf den Bahnhöfen Münster, Stadthagen, Braunschweig, Rathenow, auf denen nach der dieser Rechnung im übrigen zugrunde gelegten vereinfachenden Annahme kein Rangieren der Züge und kein Lokomotivwechsel, sondern nur eine Versorgung der Lokomotiven stattfindet, sollen, wie auf den Bahnhöfen Neuenkirchen und Neuhaldensleben in jeder Hauptrichtung 3 Einlaufgleise und 10 Richtungsgleise vorgesehen werden, da *in Wirklichkeit* auch auf diesen Bahnhöfen ein Rangieren erforderlich sein wird. Nach den *Annahmen der Rechnung* werden diese Gleise nur für das Halten der ihre Lokomotiven versorgenden Züge, für ausnahmsweisen Lokomotivwechsel bei Schadhaftwerden einer Lokomotive, für etwaiges Liegenbleiben von Zügen an Sonntagen dienen und für diese Zwecke überaus reichlich bemessen sein.

An jedem Ende und in der Mitte solchen Bahnhofes wird je ein Stellwerk sich befinden. Es wird für solche Station als Personalbedarf (in Anbetracht doppelter Besetzung) angenommen:

2 Stationsverwalter zu 2427 Mk. = . .	4 854 Mk.
6*) Weichensteller zu 1276 Mk. = . . .	7 656 Mk.
4 Wagenmeister zu 1626 Mk. = ...	6 504 Mk.
10 Arbeiter zu 1026 Mk. = ...	10 260 Mk.
Zusammen . . .	29 274 Mk.
oder mit 15 % Zuschlag für Pensionen usf. =	33 665 Mk.
und mit ferneren 25 % Zuschlag = rd.	42 100 Mk.

Hierzu werden für elektrische Beleuchtung der Gleise 30 Bogenlampen von 10 Ampère angenommen, deren jede für die Nacht 1,50 Mk. kostet, alle zusammen daher jährlich 30 . 1,50 . 360 = 16 200 Mk.

Die Kosten der Materialien für sonstige Beleuchtung, für Schmieren der Weichen, Reinigen der Innenräume usf. sind unter 1 a berücksichtigt. Für Heizung der Innenräume und für Unvorhergesehenes zur Abrundung werden noch 1700 Mk. gerechnet, so daß die Jahreskosten solchen Bahnhofes betragen 60 000 Mk. In den übrigen Bahnhöfen wird die Verteilung der Stationsdienstbezirke dieselbe sein. Es treten zu den oben angeführten Beamten hinzu Bezirksaufsichtsbeamte, Rangierer, vermehrte Wagenmeister, Weichensteller usw. Da aber die Personalkosten, Beleuchtungskosten usf., soweit sie auf das Ordnen der Züge entfallen, schon unter den Rangierkosten berücksichtigt sind, so ist reichlich gerechnet, wenn für alle Bahnhöfe hier obiger Betrag von 60 000 Mk. eingesetzt wird, im ganzen also in Anbetracht der Zweiteilung am Westende 10 . 60 000 = 600 000 Mk.

Für Streckenbewachung seien auf jeden Bahnhofsabstand von 55 km bei doppelter Besetzung 20 Bahnwärter vorhanden 1026 + 15 % = rd. 1180 Mk. + 25 % = 1475 Mk. und 4 Bahnmeister zu 2427 + 15 % = rd. 2800 Mk. + 25 % = 3500 Mk. Diese Zahl wird mit Rücksicht auf Bahnmeister I. Klasse und Diätare auf 3700 Mk. erhöht. Dann treten obigen Kosten hinzu

rd. 8 . 20 . 1475 + 8 . 4 . 3700 = 236 000 + 118 400 = 354 400 Mk.

Also sind die Jahreskosten für die Stationen und für die Streckenbewachung im ganzen 600 000 + 354 400 + (für Unvorhergesehenes zur

*) Da in Wirklichkeit auch auf diesen Bahnhöfen rangiert wird, so wird auf dem mittleren Stellwerk die Besetzung mit einem Mann zeitweise nicht ausreichen. Die hierdurch entstehenden Mehrkosten sind in den Rangierkosten (zu 2) berücksichtigt.

Abrundung) 5600 = 960 000 Mk. Hiervon entfallen auf die beförderte Tonne:

Bei 440 km	Bei 330 km	Bei 220 km	Bei 110 km
$\frac{960\,000}{10\,000\,000} =$	$\frac{3 \cdot 960\,000}{4 \cdot 10\,000\,000} =$	$\frac{960\,000}{2 \cdot 10\,000\,000} =$	$\frac{960\,000}{4 \cdot 10\,000\,000} =$
0,096 Mk.	0,072 Mk.	0,048 Mk.	0,024 Mk.

7. Unterhaltung und Erneuerung der baulichen Anlagen.

Von den 177 771 095 Mk., die 1904 auf den preußisch-hessischen Staatsbahnen für gewöhnliche und außergewöhnliche Unterhaltung einschließlich der Kosten kleinerer und erheblicher Ergänzungen ausgegeben sind, entfallen nach besonderer angenäherter Ermittlung rd. 110 000 000 M. auf Unterhaltung und Erneuerung des Oberbaues und rd. 67 800 000 Mk. auf Unterhaltung und Erneuerung der übrigen Anlagen, sowie auf außergewöhnliche Unterhaltung, kleinere und erhebliche Ergänzungen. Letztere Ausgabe entfällt auf 33 635 km Bahnstrecke, so daß auf 1 km Bahnstrecke rd. 2000 Mk. entfallen. Von vorstehenden 33 635 km sind rd. 20 500 km eingleisig. Wollte man diese für vorliegenden Zweck in Anbetracht von zu unterhaltenden Brücken usf. nur zur Hälfte rechnen, so würde a. d. Kilometer zweigleisiger Bahn ein Betrag von $\frac{67\,800\,000}{23\,385}$ = rd. 2900 Mk. entfallen.

Die Güterbahn wird relativ erheblich mehr an Über- und Unterführungen, dagegen erheblich weniger an Gebäuden und sonstigen Anlagen auf den Bahnhöfen aufzuweisen haben, deren Unterhaltung und Ergänzung besonders kostspielig ist. Die kleineren und erheblichen Ergänzungen werden ferner bei einer von vornherein nach großzügigem Plan angelegten Bahn besonderer Art eine geringere Rolle spielen, als bei den mit wachsendem Betrieb allmählich ihren Charakter ändernden Staatsbahnstrecken. Es erscheint daher mangels genauerer Unterlagen reichlich gerechnet, wenn ein Satz von 2500 Mk. f. d. Kilometer zweigleisiger Bahn hier zugrunde gelegt wird, der zwischen den beiden von 2000 und 2900 etwa die Mitte hält.

Die Kosten der Unterhaltung und Erneuerung des Oberbaues betragen nach Handbuch der Ingenieurwissenschaften V, Bd. 2 (zweite Auflage) S. 408, 407 für 1000 Wagenachskilometer auf den österreichischen Bahnen im fünfjährigen Durchschnitt 1898/1902 4,67 Mk., auf den deutschen Bahnen 7,59 Mk., wobei der Unterschied zum großen Teil darauf zurückzuführen ist, daß in Österreich die Rückeinnahmen für altes Material abgesetzt werden.

Auf der geplanten Bahn würden bei jährlich 10 000 000 t durchschnittlicher Güterbeförderung und bei einer Ausnutzung der 4 achsigen 40 t/Wagen im Hin- und Rücklauf zusammen mit $^5/_8$ auf das Streckengleiskilometer jeder Richtung durchschnittlich 800 000 Achskilometer entfallen. Nach dem ersten obigen Satz von 4,67 Mk. würden sich die Oberbau-Unterhaltungs- und Erneuerungskosten mithin f. d. Kilometer Streckengleis auf $\frac{4{,}67 \,.\, 800\,000}{1000} = 3736$ Mk. stellen, d. h. bei einer Gesamtlänge der Gleise einschließlich der Weichen von (s. unten) 1300 km gegen 880 km Streckengleise auf $\frac{3736 \,.\, 880}{1300} =$ rd. 2530 Mk. f. d. Kilometer tatsächlich vorhandenes Gleis, während die Kosten f. d. Kilometer Bahngleis in demselben fünfjährigen Durchschnitt auf den österreichischen Bahnen nur 927 Mk. betragen haben, woraus folgt, daß dort der Verkehr f. d. Kilometer Bahngleis nur rd. $\frac{1}{2{,}75}$ desjenigen ist, der auf der geplanten Güterbahn vorausgesetzt wird. Die erst errechneten 2530 Mk. würden zweifellos zu hoch gegriffen sein, weil 1 km Bahngleis mit 800 000 Wagenachskilometer nicht so viel Unterhaltung kostet, wie 2,75 km Gleis mit $\frac{800\,000}{2{,}75} =$ rd. 290 000 Wagenachskilometern. Die angemessene Zahl wird zwischen 2530 und 927 liegen. Für eine zutreffende Schätzung wird auch zu erwägen sein:

1. daß die größere Achsbelastung der Wagen bei der geplanten Bahn eine stärkere Abnutzung herbeiführen wird, und daß die Arbeitslöhne weiter steigen werden, daß aber anderseits

2. bei der geplanten Bahn das Vorhandensein von durchweg starkem Oberbau auf guter Bettung, die Vermeidung scharfer Krümmungen, die geringere Zahl der Weichen, die geringen Neigungen und das in viel geringerem Umfange erforderliche Bremsen, ferner die geringere verhältnismäßige Zahl von Lokomotivkilometern, die durchschnittlich geringere Geschwindigkeit der Züge, die gleichmäßigere Beschaffenheit der Wagen und die in viel geringerem Umfange stattfindenden Rangierbewegungen günstig wirken müssen.

Nach alledem dürfte ein Satz von 2000 Mk. für das Kilometer Gleis reichlich geschätzt sein.

Die gesamte Gleislänge der Bahn einschließlich der Weichen setzt sich schätzungsweise, wie folgt, zusammen, wobei angenommen wird, daß alle Bahnhofgleise einschließlich Weichenentwicklung durchschnittlich je 1 km lang sind.

Durchgehende Hauptgleise	2 . 440 = ...	880 km
Gruppengleise	3 Endbahnhöfe 2 . 2 . (6 + 15) + 1 . 2 . (8 + 20) = ...	140 „
	Bahnhof Hannover/Hildesheim 2 . (8 + 20) = ...	56 „
	6 übrige Bahnhöfe 6 . 2 (3 + 10)*) = ...	156 „
Für sonstige Bahnhofsgleise, Anschlüsse, zur Abrundung	. .	68 „
	Im ganzen	1300 km

Hiernach werden die gesamten jährlichen Unterhaltungskosten der Bahn

a) Unterhaltung und Erneuerung des Oberbaues:

2000 . 1300 = ... 2 600 000 Mk.

b) Sonstige Unterhaltung:

2500 . 440 = ... 1 100 000 „

Zusammen 3 700 000 Mk.

betragen.

Es entfallen daher auf die beförderte Tonne an Bahnunterhaltungskosten:

Bei 440 km	Bei 330 km	Bei 220 km	Bei 110 km
$\frac{3\,700\,000}{10\,000\,000} =$	$^3/_4 . 0{,}370 =$	$^1/_2 . 0{,}370 =$	$^1/_4 . 0{,}370 =$
0,370 Mk.	0,278 Mk.	0,185 Mk.	0,093 Mk.

8. Bedienung der Signale und Blockeinrichtungen. Bei dichtester möglicher Zugfolge sollen stündlich in jeder Richtung 10 Züge verkehren, d. h. alle 6 Minuten ein Zug. Bei 30 km Geschwindigkeit ist hiernach der Zugabstand 3 km von Spitze bis Spitze, und bei etwa 700 m größter Zuglänge der Zwischenabstand durchschnittlich 2300 m. Um beim Anfahren aus dem Halten mehrerer Züge größter Stärke in Blockabstand bei Steigungen bis 1‰ ohne weiteren Zeitverlust in den Fahrtabstand von 3000 m von Spitze bis Spitze kommen zu können, darf

*) Für die Zugaufenthalte würde ein geringerer Bahnhofsumfang erforderlich sein. Die angenommene Gleiszahl ist darauf berechnet, daß tatsächlich auch auf diesen Zwischenbahnhöfen rangiert werden wird, und zwar bei den dort entspringenden und endigenden Zügen.

der Blockabstand auf freier Strecke nicht über 1200 m betragen*). Vorausgesetzt wird eine Blockteilung von rd. 1040 m. Dabei bleibt dann, wie beistehende Abbildung zeigt, bei 200 m Vorsignalabstand, ein Spielraum von 1060 m zwischen der Streckenfreigabe durch einen Zug und dem Anlangen der Spitze des folgenden Zuges am Vorsignal.

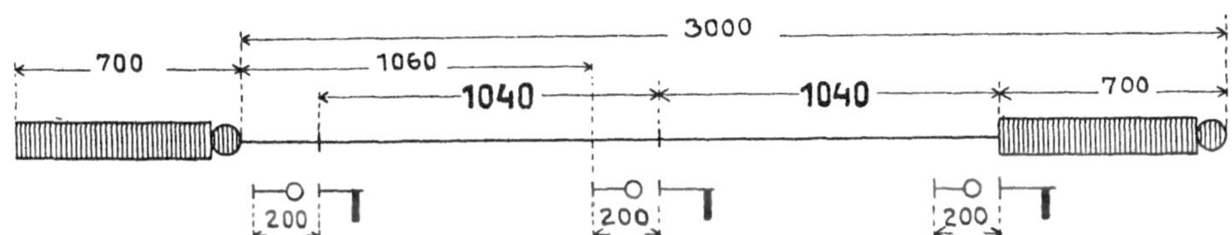

Zwischen je zwei Bahnhöfen ist abzüglich der Bahnhofslängen eine Strecke von durchschnittlich rd. 52 km vorhanden, die hiernach in rd. 50 Blockabschnitte zu teilen ist. Einstweilen, bei 10 Millionen t durchschnittlichem Verkehr und 13 Millionen t Verkehr auf den am stärksten belasteten Strecken, ist auf diesen, wie auf S. 45 nachgewiesen, eine dichteste Zugfolge von $^1/_2$ Stunde bequem ausreichend. Dieselbe engste Zugfolge soll auch für die schwächer belasteten

---

*) Entsprechend der Berechnung in der Vorstudie (Fußnote auf Seite 127, 128) ergibt sich hier folgendes:

Zugkraft Z = 20 t
Zuggewicht G = 3000 t

Durchschnittlicher Widerstand, während V von 0 auf rd. 25 km anwächst (da der Zug auf die ersten 700 m nicht über 25 km, aber annähernd diese Geschwindigkeit erreicht)

$$W = 2{,}4 + \frac{25^2}{3\,.\,1300} + 1 = 3{,}56.$$

Also der Widerstand des ganzen Zuges:

$$\text{durchschnittlich } W = 3{,}56\,.\,3000 = 10\,680 \text{ kg} = 10{,}7 \text{ t}.$$

Für das Anfahren stehen also an überschüssiger Zugkraft durchschnittlich zur Verfügung: $20 - 10{,}7 = 9{,}3$ t.

Während der ersten 700 m ist die Anfahrarbeit $700\,.\,9{,}3 = 6510$ mt, also die Endgeschwindigkeit $X = \sqrt{\frac{6510\,.\,1000}{4\,.\,3000}} = 23{,}3$ km/Std., d. h. die Durchschnittsgeschwindigkeit 11,65 km/Std. und der Zeitaufwand $\frac{700\,.\,60}{11\,650} = 3{,}6$ Minuten. Also erlangt der erste anfahrende Zug vor dem zweiten einen Vorsprung von $\frac{30\,000\,.\,3{,}6}{60} = 1800$ m, d. h. der Blockabstand darf höchstens $3000 - 1800 = 1200$ m betragen, wird aber mit Rücksicht auf den für Signalbedienung und sonst entstehenden Zeitverlust auf 1040 m angenommen.

Strecken ermöglicht werden, um mit dem Fahrplan auf diesen Strecken unabhängig zu sein und nicht in die Notwendigkeit versetzt zu werden, Züge beim Übergang aus den stärker belasteten in die schwächer belasteten Strecken (und umgekehrt) warten zu lassen. Dieselbe Teilung in Blockstrecken gilt daher auch für die beiden westlichen Verzweigungen der Bahn.

Bei der engsten Zugfolge von $^1/_2$ Stunde genügt mithin eine Teilung der Strecke von Bahnhof zu Bahnhof in 5 Blockabschnitte, wobei auf je 10,4 km eine Blockstelle eingerichtet wird, so daß bei etwaigem künftigen Eintritt des stärksten Verkehrs jede Blockstrecke in 10 kleinere Blockstrecken zu teilen wäre, inzwischen, bei wachsendem Verkehr, eine Hälftung der Blockstrecken erfolgen könnte.

Im ganzen weist hiernach die neue Bahn unter Berücksichtigung der doppelten Verzweigung am Westende und eines kleinen Zuschlags für engere Blockteilung an einzelnen Stellen aus besonderen Gründen $4 \cdot 8 + 2 = 34$ Blockstellen auf, für die bei doppelter Besetzung 68 Mann erforderlich sind, die nach dem in der Berechnung zur Vorstudie (S. 129) ermittelten Satz einschließlich 15 % Zuschlag für Pensionen usw. je 1200 Mk., also mit ferneren 25 % Zuschlag für Gehaltserhöhungen usf. je 1500 Mk., im ganzen 102 000 Mk. erhalten. Von diesem Betrage entfällt auf eine beförderte Tonne im Durchschnitt:

Bei 440 km	**Bei 330 km**	**Bei 220 km**	**Bei 110 km**
$\frac{102\,000}{10\,000\,000} =$	$^3/_4 \cdot 0{,}010 =$	$^1/_2 \cdot 0{,}010 =$	$^1/_4 \cdot 0{,}010$
0,010 Mk.	0,008 Mk.	0,005 Mk.	0,003 Mk.

9. Kosten der Zu- und Abführung. Hierfür soll in allen Fällen (s. S. 42, 49) ein Satz von 1,5 Pf. für durchschnittlich 2 . 30 km, d. h. 0,90 Mk. für die beförderte Tonne gerechnet werden.

10. Für Staats- und Kommunalsteuern, Haftpflichtentschädigungen, Ersatzleistungen und sonstige Entschädigungen haben die preußisch-hessischen Staatsbahnen 1904 ausgegeben 31 545 800 Mk. oder auf 1 km durchschnittlicher Betriebslänge 931 Mk. Nimmt man unter der Voraussetzung, daß die Güterbahn vom Staat angelegt und betrieben wird, und unter Berücksichtigung der besonderen Verhältnisse dieser Bahn hier einen Satz von rd. 2000 Mk. an, so ergeben sich diese Kosten im ganzen zu 880 000 Mk., oder für die beförderte Tonne:

Bei 440 km	**Bei 330 km**	**Bei 220 km**	**Bei 110 km**
0,088 Mk.	0,066 Mk.	0,044 Mk.	0,022 Mk.

11. Für die Kosten der Allgemeinen Verwaltung (ausschließlich Papier und Drucksachen) und für Abfertigungskosten wird ein Zuschlag angesetzt, der mit 0,20 Mk. für die Tonne angemessen geschätzt erscheint (für die ganze Bahn ergeben sich hierbei 4 Millionen Mk.).

Aus vorstehenden Ermittlungen zu 1 bis 11 ist, wie schon oben gesagt, die beigefügte Tabelle (Anlage II) zusammengestellt. In dieser sind in einer vorletzten Spalte noch die Kosten für das Tonnenkilometer ermittelt. Daß dabei in die Beförderungsstrecke die 2.30 km für die Zustellungsfahrten eingerechnet sind, erscheint um so mehr gerechtfertigt, als diese Zustellungsfahrten in der Regel sich annähernd in der Transportrichtung der Güterbahn selbst anschließen, aber auch da, wo sie erheblich davon abweichen, doch im ganzen die Transportweite im allgemeinen nicht größer wird, als auf den bestehenden Bahnen, weil die geplante Güterbahn wenig länger ist, als die Luftlinie, während die bestehenden Bahnen erhebliche Umwege machen. Wächst, wie im Laufe der Jahre zu erwarten, der Verkehr über die 10 Millionen t hinaus, so nehmen die Beförderungskosten erheblich ab, wie ein Vergleich mit den in der Vorstudie berechneten Kosten für verschiedene Transportmengen zeigt. Vgl. in dieser Beziehung die Schlußfolgerungen S. 86.

VI. Vergleich von Güterbahn und Kanal.

Die Aufstellung des Entwurfs und der vorstehenden Berechnungen hatte zum Zweck, festzustellen, ob besondere Güterbahnen ein geeignetes Mittel sind, um eine möglichst billige Beförderung von Massengütern zu bewerkstelligen, und ob sie in dieser Beziehung den Kanälen unterlegen, ebenbürtig oder überlegen sind. Insbesondere ist für den hier der Erörterung unterzogenen Entwurf einer Güterbahn eine Linie gewählt, die verhältnismäßig gut den Vergleich mit einem vorhandenen Kanalentwurf ermöglicht. Gemeint ist der Entwurf zu einer Wasserstraße vom Rhein bis zur Elbe, der in der Anlage I zum Entwurfe eines Gesetzes „betreffend die Herstellung und den Ausbau von Kanälen und Flußläufen im Interesse des Schiffahrtsverkehrs und der Landeskultur usw.“ (vom 10. Januar 1901), d. h. in der „Denkschrift betreffend den Bau eines Schiffahrtskanals vom Rhein bis zur Elbe“ behandelt ist. Dieser Kanal sollte einen ganz ähnlichen Weg nehmen, wie die hier entworfene Güterbahn, dabei allerdings nur bis zur Elbe reichen*). Der Umstand, daß der mit der entworfenen Güterbahn zu vergleichende Kanal (unter Mitbenutzung des Dortmund-Ems-Kanals) einen erheblichen Umweg machen muß, schließt den Vergleich nicht aus. Vielmehr ist dieser Umstand für alle Kanäle charakteristisch, die bei unebenerem Gelände, als es hier vorliegt, im Vergleich zu den Eisenbahnen oft noch viel erheblichere Umwege machen müssen. Im ganzen wird sogar ein zwischen diesem Kanal und der Güterbahn anzustellender Vergleich hinsichlich der allgemeinen Frage, ob Kanal oder Eisenbahn, für den Kanal ein zu günstiges Bild bieten, weil in der für beide zu vergleichenden Verkehrswege gewählten Richtung das Gelände verhältnismäßig eben ist, und weil unebenes Gelände auf Kanäle von sehr viel ungünstigerem Einfluß ist, als auf Eisenbahnen. Das ist aber für den hier anzustellenden Vergleich nicht von Nachteil, sondern von Vorteil. Denn, da trotz des für den Kanal besonders günstigen Geländes der Vergleich, wie die folgende Untersuchung zeigt, zu seinen Ungunsten ausschlägt, so wird damit zugleich die Frage, ob Güterbahn oder Kanal, in allgemeinerem Sinne entschieden.

Die im vorliegenden Vergleich entstehenden Schwierigkeiten, hier Stichkanäle, dort Schleppbahnen, hier Schiffe, dort Lokomotiven und Wagen usw., lassen sich durch geeignete Vergleichsaufstellung überwinden. Der hier anzustellende Vergleich soll sich in folgende Einzeluntersuchungen gliedern:

A. Die Anlagekosten von Güterbahn und Kanal.
B. Die Beförderungskosten auf Güterbahn und Kanal.
C. Die Leistungsfähigkeit von Güterbahn und Kanal.
D. Einwirkung von Güterbahn und Kanal auf sonstige Verhältnisse, woran sich
E. Schlußfolgerungen

knüpfen.

Alles was in diesen Beziehungen nachstehend gesagt wird, geschieht mit dem Vorbehalt, der stets erforderlich ist, wenn die Ergebnisse von Rechnungen benutzt werden, die zum großen Teil nur auf Schätzungen beruhen. Immerhin dürften die Ergebnisse relativ zuverlässig sein. Einmal kann das in den meisten Fällen angewendete Bruttoverfahren, d. h. ein Verfahren, bei dem die Gesamtausgaben der preußisch-hessischen Staatsbahnen zur Gewinnung der Rechnungsunterlagen in allen ihren Teilen benutzt sind, Gewähr dafür geben,

*) Bekanntlich ist der Kanal damals abgelehnt und später nur bis Hannover bewilligt worden

daß keine wesentlichen Bestandteile der Kosten vergessen sind. Dann sind bei der Verwertung dieser Unterlagen möglichst alle erkennbaren Umstände, die auf die Kosten Einfluß haben können, berücksichtigt. Endlich sind die Kosten bei der Güterbahn überall lieber zu hoch, als zu niedrig angenommen, namentlich bei allen Schätzungen reichliche Beträge angesetzt, so daß die Kosten bei der Güterbahn sicherlich nicht zu niedrig berechnet sind.

A. Die Anlagekosten.

Die Anlagekosten kommen für den Zweck dieser Ermittlungen einmal insoweit in Frage, als es sich um die Finanzierung solchen Unternehmens und das darin liegende Risiko handelt, und zwar in ihrer Gesamthöhe, dann aber insofern, als die Verzinsung und Tilgung der Anlagekosten einen Bestandteil der Transportkosten bildet, in ihrer relativen Höhe, bezogen auf die Transportmenge. In den vorstehenden Berechnungen sind die Anlagekosten nur in der letzteren Weise behandelt worden, woraus dann unter B Schlüsse gezogen werden sollen. Zunächst handelt es sich aber hier darum, die absoluten Gesamtkosten der entworfenen Bahn zu ermitteln und mit denen des genannten Kanals zu vergleichen. Von dem Kanal soll die Strecke Bevergern—Hannover—Elbe, der sogenannte Mittellandkanal, in erster Linie für den Vergleich in Betracht gezogen werden.

Die Güterbahn ist im anliegenden Überschlag veranschlagt zu rd. 400 000 Mk. f. d. Kilometer, wobei überall sehr reichlich gerechnet ist. So sind die Erdarbeiten mit 1,25 Mk./cbm veranschlagt, der Grunderwerb mit 50 Mk. f. d. Meter oder bei durchschnittlich etwa 26 m Breite, wenn man die für die Bahnhöfe erforderlichen Mehrflächen berücksichtigt*), rd. 1,65 Mk. f. d. Quadratmeter. Der Mittellandkanal Bevergern—Hannover—Elbe ist ohne die Zweigkanäle und die Weserkanalisierung zu 151 337 200 Mk. auf 324,9 km, d. h. a. d. Kilometer zu rd. 465 000 Mk. veranschlagt. Darin beträgt der Grunderwerbspreis für den eigentlichen Kanal 16 185 668 Mk. auf 324,9 km oder bei mindestens etwa 50 m durchschnittlicher Breite nur rd. 1,00 Mk. f. d. Quadratmeter. Erhöht man auch diesen Preis auf rd. 1,65 Mk., so erhöht sich der Preis des Kanals f. d. Kilometer auf rd. 500 000 Mk. Bei

*) 420 km Bahnhofsgleise mit 4,5 m Breitenbedarf ergeben, auf die Gesamtlänge der Bahn von 440 km reduziert, einen durchschnittlichen Breitenzuschlag von 4,3 m. Es ist also das Quadratmeter veranschlagt zu $\frac{50}{26+4,3} = \frac{50}{30,3} =$ rd. 1,65 Mk.

der Ausführung würde sich die Güterbahn voraussichtlich erheblich billiger stellen, als veranschlagt, vielleicht auf 300 000 bis 350 000 Mk. f. d. Kilometer. Ob nicht auch die anderen Kosten beim Kanal erheblich niedriger veranschlagt sind, als im anliegenden Kostenüberschlage, läßt sich aber nicht feststellen, möge daher unerörtert bleiben. Dagegen fallen noch folgende Umstände ins Gewicht:

In den veranschlagten Kosten der Güterbahn sind der kostspielige Übergang über den Teutoburger Wald, die Elbbrücke, die Rangierbahnhöfe und die Bauwerke an den Abzweigungen der Anschlußgleise enthalten. Dagegen umfassen die obigen Kosten für den Kanal nur die Strecke Bevergern—Elbe mit verhältnismäßig wenig Bauwerken, während auf der Strecke Dortmund—Bevergern gerade große Bauwerke und bei Herne und Münster Häfen bereits vorhanden sind. Ferner beträgt der Kanalweg von Dortmund bis zur Elbe bei Heinrichsberg rd. 425 km, bis Magdeburg rd. 435 km, der Bahnweg dagegen nach dem in Rede stehenden Entwurf von Dortmund bis zur Elbe bei Tangermünde und annähernd ebenso bis Magdeburg nur rd. 360 km. Um vergleichbare Zahlen zu erhalten, müßten also obige 500 000 Mk. Kanalbaukosten einmal um einen Anteil an den Mehrkosten der bestehenden Bauwerke bei Henrichenburg und der Hafenanlagen bei Herne und Münster und dann im Verhältnis von etwa $\frac{430}{360}$ erhöht werden. Es würde sich hiernach ein Preis von über 600 000 Mk. ergeben, der den 400 000 Mk. f. d. Kilometer der Güterbahn gegenüberstände. Hierin sind beiderseits noch nicht einbegriffen die Anschlußlinien und die Betriebsmittel. Bei der Güterbahn sind jedoch die Abzweigungen und die für diese erforderlichen Bauwerke mit veranschlagt. Für die Zweigkanäle und die Weserkanalisierung sind in der Denkschrift veranschlagt rd. 60 Millionen Mark. Dieser Betrag würde, da in den Anschlußbahnen große Strombrücken, Tunnel und große Bahnhöfe nicht vorkommen, da ferner in diesen der Oberbau billiger sein kann, vielfach auch nur ein Gleis genügen wird, für mindestens 300 km selbständiger, teils eingleisiger, teils zweigleisiger Anschlußbahnen ausreichen, d. h. für 10 selbständige Anschlußbahnen von durchschnittlich 30 km Länge. Vorausgesetzt sind (jedenfalls reichlich) rd. 20 Anschlüsse. Da nun aber bei der Güterbahn auf die Mitbenutzung von Schleppbahnen im Industriegebiet zu rechnen ist, ebenso auf die Mitbenutzung der Industriebahn Tegel—Friedrichsfelde und zahlreicher vorhandener Eisenbahnstrecken, so wird obige Summe von 60 Millionen Mark auch für die Anschlüsse der Güterbahn sicher ausreichen. Hierzu ist noch zu bemerken, daß die Anschlußbahnen viel leistungsfähiger sind, als Stichkanäle. Anschlußbahnen gestatten es, mittels beliebig vieler Verzweigungen überall in erheblich weit auseinander liegende Werke selbst einzudringen. An die Kanalhäfen oder Kanalladestellen dagegen werden in zahlreichen Fällen noch besondere Zuführungsgleise von den Werken herangeführt werden, und es werden besondere Verladevorrichtungen vorgesehen werden müssen. Es ist also für den Kanal sehr günstig gerechnet, wenn man annimmt, daß hinsichtlich der Kosten für Stichkanäle und Schleppbahnen sich Kanal und Eisenbahn gleichstehen.

Für den Betrieb des Kanals sollen unter Berücksichtigung der Ergebnisse der Untersuchungen von Sympher (die wirtschaftliche Bedeutung des Rhein-Elbekanals, Anlage 12) folgende Annahmen gemacht werden. Es werde ein Betrieb mit Schleppzügen, bestehend aus je einem Schleppdampfer und zwei Kähnen von je 150 t Gewicht und 600 t Ladefähigkeit, vorausgesetzt. Die Grundgeschwindigkeit sei 5 km, es finde Tag- und Nachtbetrieb statt, wobei in 24 Stunden die Schleppzüge nach der angegebenen Quelle unter Berücksichtigung unvermeidlicher Störungen 100 km zurücklegen können.

Der Preis eines Kanalschiffes von 600 t Ladefähigkeit kann nach obiger Quelle zu 36000 Mk. angenommen werden. Dieses Schiff braucht für den Weg von Dortmund zur Elbe*) und zurück, d. h. für $2 . 425 = 850$ km $8^1/_2$ Tage. Hierzu nach den Annahmen obiger Quelle 16 Tage Liegezeit, sind 24,5 Tage. Es leistet also ein Schiff von 36 000 Mk. in 24,5 Tagen bei der in obiger Quelle gemachten Annahme, daß in einer Richtung voll, in der anderen mit $^1/_5$ Ladung gefahren wird, die Beförderung von 720 t auf dem Wege Dortmund—Elbe bezw. zurück. Ein Wagen von 40 t Ladefähigkeit und 9000 Mk. Kosten, der in einer Richtung voll, in der anderen mit durchschnittlich $^1/_4$ Ladung vorausgesetzt wird**), durchläuft die 360 km lange Strecke von Dortmund bis zur Elbe bei 30 km Grundgeschwindigkeit und je 10 Minuten Aufenthalt nach je 55 km in je 13 Stunden. Hierzu tritt der Zeitbedarf für

---

*) Bei größerer und geringerer Beförderungsweite verschieben sich die Vorgänge der hier angestellten Rechnung etwas, aber ohne daß das Endergebnis hierdurch wesentlich geändert würde.

**) Wenn bei dem Kanalschiff nach obiger Quelle mit $^1/_5$ Rückladung, bei der Güterbahn nach der in der früheren Berechnung gemachten Annahme mit $^1/_4$ Rückladung gerechnet wird, so ist hierbei für den Kanal sehr günstig gerechnet. Denn die Möglichkeit, Rückladung zu erhalten, ist bei den Eisenbahnwagen wegen ihrer geringeren Größe, wegen der größeren Mannigfaltigkeit der in Betracht kommenden Güter, wegen der weitverzweigten Anschlüsse erheblich größer, als bei den Kanalschiffen.

Be- und Entladen und Rangieren. In den neueren Untersuchungen von Sympher, Thiele, Block, Zeitschrift für Bauwesen 1907, S. 557 ff. sind die Berechnungen außer mit der obigen Liegezeit von im ganzen 16 Tagen mit einer abgekürzten Liegezeit von 5 Tagen durchgeführt. Es heißt dort, diese abgekürzten Liegezeiten würden sich im allgemeinen nicht, jedenfalls nicht während des ganzen Jahres, erreichen lassen, sondern nur als Grenzfall anzustreben sein. Wenn unter diesen Umständen in obiger Rechnung die normalen Liegezeiten eingesetzt sind, so soll, um jedenfalls für die Güterbahn im Vergleich zum Kanal nicht zu günstig zu rechnen, bei ersterer von der schlechtesten Wagenausnutzung (Zeit für Be- und Entladung zusammen 72 Stunden) ausgegangen werden, wobei allerdings für die Güterbahn sehr ungünstig gerechnet wird.

Der Wagen befördert 50 t in $72 + 2.13 = 98$ Stunden.

Das Kanalschiff befördert 720 t in $24{,}5 \,.\, 24 = 588$ Stunden.

Bei den Schiffen ist noch eine zweimonatige Kanalsperre zu berücksichtigen, während deren zugleich die Hauptrevisionen und Reparaturen vorgenommen werden können, bei den Wagen ein Zuschlag für in Reparatur befindliche Wagen, der (mit Rücksicht auf Vornahme der Hauptreparaturen und Revisionen in der verkehrsschwachen Zeit) mit 5 % ausreichend geschätzt ist. Dem Anlagekapital des Wagens von 9000 Mk. + 5 % = 9450 Mk. steht, reduziert auf die gleiche Beförderungsleistung, ein Schiffsanlagekapital von $\frac{36\,000 \,.\, 50 \,.\, 588 \,.\, 12}{720 \,.\, 98 \,.\, 10} =$ 18 000 Mk. gegenüber, also annähernd das 1,9fache. Noch etwas ungünstiger fällt der Vergleich zwischen Lokomotiven und Schleppdampfern aus. Zwar ist die Liegezeit bei den Schleppdampfern nicht so lang, wie bei den Kanalschiffen. Aber die gegenüber den Eisenbahnen sehr viel langsamere Fahrt bedingt auch bei den Schleppdampfern eine unvorteilhaftere Ausnutzung des Kapitals, als bei den Eisenbahnfahrzeugen. Ein Schleppdampfer braucht, wenn er, wie in obiger Quelle vorausgesetzt, je zwei Tage auf Anhang wartet, für eine Hin- und Rückreise auf der Strecke Dortmund—Elbe im ganzen $8\frac{1}{2} + 4 = 12\frac{1}{2}$ Tage oder 300 Stunden, und befördert dabei auf diese Strecke im ganzen $2 \,.\, 720 = 1440$ t Nutzlast. Die Kosten des Schleppdampfers werden, wie in dem angezogenen Aufsatz, zu 36 000 Mk. vorausgesetzt. Eine Lokomotive der oben vorausgesetzten Leistungsfähigkeit, die mit Tender zu 180 000 Mk. reichlich veranschlagt ist, befördert nach den früher gemachten Annahmen in der einen Richtung durchschnittlich 1600, in der anderen 400 t Nutzlast, im ganzen 2000 t, und braucht zu solcher Doppelreise (in Wirklichkeit setzt sich diese aus den Reisen einzelner unterwegs wechselnder Lokomotiven zusammen) unter Festhaltung der Diensteinteilung, bei der sie täglich 440 km zurücklegt, $\frac{2 \,.\, 360 \,.\, 24}{440} = 39{,}3$ oder rd. 40 Stunden. Nimmt man ferner an, daß bezüglich des Bereitschaftsdienstes und der Verkehrsschwankungen Dampfer und Lokomotive sich gleich stehen, daß die Revisionen und Reparaturen beim Dampfer in der Hauptsache in der Zeit der zweimonatigen Kanalsperre, bei der Lokomotive in den verkehrsschwachen Zeiten vorgenommen werden, und macht man unter dieser Voraussetzung bei den Lokomotiven noch einen mäßigen Zuschlag von 10 % für Reparaturstand (also Erhöhung von deren Anlagekapital auf 198 000 Mark), so rechnet man für den Kanal jedenfalls nicht ungünstig. Es beträgt dann das Dampferanlagekapital gegenüber dem Lokomotivanlagekapital das $\frac{300 \,.\, 36\,000 \,.\, 2000 \,.\, 12}{40 \,.\, 198\,000 \,.\, 1440 \,.\, 10}$ fache, d. h. knapp d s 2,3fache.

Das Ergebnis vorstehender Untersuchung ist, daß bei dem Kanal gegenüber der Bahn betragen:

a) Die Baukosten reichlich das 1,5 fache.
b) Die Kosten der Stichkanäle mindestens dasselbe wie die der Anschlußbahnen.
c) Die Kosten der Beförderungsfahrzeuge annähernd das 1,9 fache.
d) Die Kosten der treibenden (Dampf)-Fahrzeuge annähernd das 2,3 fache.

So wenig die Unterlagen dieser Ermittlungen auf Genauigkeit Anspruch machen können, so geht doch bei der Größe der Unterschiede zuungunsten des Kanals trotz der überall zu seinen Gunsten gemachten Rechnungsannahmen mit Sicherheit aus den Ermittlungen hervor, daß ein Kanal selbst unter den günstigen Geländeverhältnissen des Rhein-Elbekanals erheblich teurer in der Anlage wird, als eine Güterbahn. Nach den vorstehenden Ermittlungen kann man annehmen, daß der Kanal unter den hier angenommenen Verhältnissen etwa das 1,5 bis 2,3 fache, d. h. annähernd das Doppelte der Güterbahn kosten wird. Bei jedem in mehr bergiges Gelände vordringenden Kanal muß dies Verhältnis sich noch bedeutend zuungunsten des Kanals verschieben, weil entsprechend den zu überwindenden Höhenunterschieden kostspielige Schleusen oder Hebewerke hinzutreten, und weil wegen des durch die Schleusungen bedingten Zeitverlustes auch ein relativer Mehrbedarf an Transportmitteln eintritt.

Etwas einfacher als der Vergleich zwischen den Anlagekosten von Kanal und Eisenbahn ist die Schätzung der absoluten Anlagekosten der geplanten Güterbahn. Zu den Baukosten der eigentlichen Bahn treten hinzu die Kosten der Anschlußstrecken, die vorstehend schon als mit 60 Millionen Mark reichlich geschätzt berechnet wurden, und die Kosten der Betriebsmittel. Für die Wagen möge das Mittel zwischen dem günstigsten und ungünstigsten Zeitbedarf gerechnet und außerdem, wie in der Berechnung der Transportkosten, angenommen werden, daß 2,5 Millionen Tonnen auf 440 + 60 km, 3 Millionen Tonnen auf 330 + 60 km, 6,5 Millionen Tonnen auf 220 + 60 km, 8 Millionen Tonnen auf 110 + 60 km befördert werden. Dann kann ein Wagen zurücklegen in 300 Tagen unter Berücksichtigung von 50 % Verkehrsschwankungen (s. S. 58):

a) Auf die ganze Entfernung $\frac{300 \cdot 24}{\frac{137{,}28 + 52{,}8}{2}}$ = rd. 75,6 Hin- und Rückfahrten.

b) Auf drei Viertel Entfernung $\frac{300 \cdot 24}{\frac{126{,}72 + 42{,}24}{2}}$ = rd. 85,2 Hin- und Rückfahrten.

c) Auf die halbe Entfernung $\frac{300 \cdot 24}{\frac{116{,}16 + 31{,}68}{2}}$ = rd. 97,4 Hin- und Rückfahrten.

d) Auf die viertel Entfernung $\frac{300 \cdot 24}{\frac{105{,}6 + 21{,}12}{2}}$ = rd. 113,6 Hin- und Rückfahrten.

Auf einer Hin- und Rückreise befördert ein Wagen 50 t, mithin jährlich in den vier vorstehenden Fällen:

a) 3780 t;
b) 4260 t;
c) 4870 t;
d) 5680 t.

Mithin sind erforderlich:

Für den Transport zu a): $\frac{2\,500\,000}{3780}$ = 660 Wagen,

Für den Transport zu b): $\frac{3\,000\,000}{4260}$ = 705 Wagen,

Für den Transport zu c): $\frac{6\,500\,000}{4870}$ = 1335 Wagen,

Für den Transport zu d): $\frac{8\,000\,000}{5680}$ = 1410 Wagen,

zusammen . . . 4110 Wagen,

und einschließlich der Wagen für Arbeitszwecke rd. 4250 Wagen, die 4250 . 9000 = 38 250 000 Mk. kosten. Dieser Betrag ist um so mehr reichlich gerechnet, als eine so große Verkehrsschwankung angenommen wurde, wie solche in der Praxis nicht vorkommt.

Zwei Lokomotivfahrten von 440 km befördern eine Nutzlast von 1600 + 400 = 2000 t über die ganze Bahnstrecke einschließlich Rückbeförderung der Wagen. Hierzu ist die Vorhaltung von 2 Lokomotiven erforderlich. Entsprechend ist die Leistung der Lokomotiven für die Teilstrecken. Also sind für die Beförderung von durchschnittlich 10 000 000 t über die ganze Bahnlänge in 300 Tagen erforderlich $\frac{2 \cdot 10\,000\,000}{2000 \cdot 300} = 33^1/_3$ Lokomotiven. Außerdem ist Lokomotivkraft vorzuhalten, um 20 Millionen Tonnen über 60 km Anschlußstrecken zu befördern und die leeren Wagen zurückzubefördern. Nach gleichem Verhältnis berechnet, ergibt sich diese Lokomotivkraft zu $\frac{20\,000\,000 \cdot 60}{10\,000\,000 \cdot 440} \cdot 33\,^1/_3 = 9{,}1$ Lokomotiven. In Wirklichkeit würden auf diesen Strecken größere Lokomotivleistungen erforderlich sein, weil die Anschlußzüge vielfach kürzer sein werden, auch der Fahrplan sich weniger günstig gestalten wird. Anderseits werden auf den Anschlußstrecken die Lokomotiven in zahlreichen Fällen nicht von der Güterbahn zu stellen sein. Es erscheint daher, um das Anlagekapital nicht zu gering zu schätzen, ausreichend, wenn angenommen wird, daß die Lokomotiven für den Dienst auf der Anschlußstrecke bis zu der eben berechneten Zahl von dem Unternehmer der Güterbahn zu beschaffen seien, im ganzen also 33,33 + 9,1 = 42,43 oder zuzüglich 25 % für Reparaturstand und Bereitschaftsdienst: 53 Lokomotiven, und bei 50 % Verkehrsschwankungen $^1/_5$ mehr, also rd. 64 Lokomotiven. Diese stellen dar einen Anschaffungswert von 64 . 180 000 = 11 520 000 Mk. In Anbetracht der ferner zu beschaffenden Rangierlokomotiven und sonstiger Betriebsmittel für Zwecke des inneren Dienstes werde dieser Betrag auf 14 750 000 Mk. erhöht und der ganze Betrag für Betriebsmittel auf 38 250 000 + 14 750 000 = 53 000 000 Mk. Dann ergibt sich das ganze Anlagekapital der Bahn von 440 km Länge, aber einschließlich der Anschlußstrecken, d. h. geeignet zur Beförderung zwischen Herne Dortmund und Berlin, und einschließlich der Betriebsmittel zu:

176 000 000 + 60 000 000 + 53 000 000 = 289 000 000 Mk.

In Wirklichkeit wird erheblich weniger erforderlich sein, da die Baukosten sehr reichlich veranschlagt, auch die Annahmen bezüglich der

Ausnutzung der Wagen und Lokomotiven außerordentlich ungünstige sind. Auch kann angenommen werden, daß erhebliche Teilkosten, wie für Anlage von Anschlußbahnen und Beschaffung von Wagen von den Interessenten übernommen werden, so daß das von dem Unternehmer der Bahn zu investierende Kapital sich erheblich niedriger, als vorstehend berechnet, vielleicht nur auf 200 000 000 Mk. stellen wird. Die Kosten des Mittellandkanals, also der Verbindung nur von Bevergern zur Elbe, d. h. auf eine viel kürzere Strecke, und ohne Betriebsmittel, waren zu rd. 211 000 000 Mk. veranschlagt.

B. Die Beförderungskosten auf Güterbahn, auf gewöhnlicher Eisenbahn und auf Kanal.

Die Beförderungskosten auf der Güterbahn sind bei Annahme einer Transportmenge von 10 Millionen Tonnen auf S. 49—67 und in Anlage II (S. 93) ermittelt je nach der Transportweite und je nach den für die Ausnutzung der Betriebsmittel gemachten Annahmen:

		Pfennig f. d. Tonnenkilometer
Bei 440 + 60 = 500 km	Entfernung	zu 0,713 bis 0,747
Bei 330 + 60 = 390 km	„	zu 0,763 bis 0,806
Bei 220 + 60 = 280 km	„	zu 0,851 bis 0,912
Bei 110 + 60 = 170 km	„	zu 1,056 bis 1,155

einschließlich der Abfertigungskosten.

Als durchschnittliche Tarifsätze würden, wenn man keine in Betracht kommenden Überschüsse erzielen will, jedenfalls ausreichen bei den vier Transportweiten (vgl. die letzte Spalte der Anlage II):

0,75 0,80 0,90 1,15 Pf.

für das Tonnenkilometer, einschließlich der Abfertigungskosten.

Beim Vergleich mit den Transportkosten unserer bestehenden Bahnen können die gleichen Entfernungen, wie vor, eingerechnet werden, weil die geplante Güterbahn gegenüber den bestehenden Bahnen so kurzwegig trassiert ist, daß dadurch die etwaigen in den Zufahrtlinien liegenden Umwege im Durchschnitt reichlich ausgeglichen werden.

Es stellen sich hiernach die Beförderungskosten von 1 t auf der Güterbahn im Vergleich mit den Beförderungskosten nach mehreren besonders billigen Tarifen der bestehenden Bahnen wie folgt:

	Neue Güterbahn	Spezialtarif III	Holztarif	Rohstoffetarif	Kalitarif	Düngekalktarif	Tarif für Wegebaustoffe
	Mk.	Mk.	Mk.	Mk.	Mk.	Mk.	Mk.
Auf 170 km . . .	1,95	4,90	6,30	4,40	4,40	3,90	3,10
Auf 280 km . . .	2,52	7,40	9,60	6,90	6,50	5,40	4,50
Auf 390 km . . .	3,12	9,80	12,90	9,00	8,20	7,00	6,10
Auf 500 km . . .	3,75	12,20	16,20	10,50	9,30	8,50	7,60

Es ergibt sich hieraus, daß die hier betrachtete Güterbahn im Stande sein wird, gegenüber den jetzt geltenden niedrigsten Tarifen der bestehenden Bahnen etwa 2 bis 4 mal so billig zu befördern, und zwar besonders billig auf die größeren Entfernungen, für die namentlich die neue Güterbahn als Beförderungsmittel gedacht ist. Die Frage, wie hoch die Selbstkosten der bestehenden Bahnen sind, mag unerörtert bleiben *).

Weit schwieriger ist ein Vergleich mit den Beförderungskosten auf Kanälen, weil hierfür ausreichende Unterlagen fehlen. Allerdings sind in bezug auf die Betriebskosten auf Kanälen umfangreiche Berechnungen von Sympher angestellt. Es kommen in dieser Beziehung, abgesehen von älteren Schriften und von den verschiedenen Kanalvorlagen der preußischen Staatsregierung namentlich in Betracht:

a) Sympher. Die wirtschaftliche Bedeutung des Rhein-Elbekanals. Berlin 1899. Siemenroth und Troschel.
b) Die wasserwirtschaftliche Vorlage. Mit Benutzung amtliche Unterlagen bearbeitet von Sympher. Berlin 1901. Mittler & Sohn.
c) Der Aufsatz in der Zeitschrift für Bauwesen 1907: „Untersuchungen über den Schiffahrtsbetrieb auf dem Rhein-Weserkanal“ von Sympher, Thiele und Block.

Die grundlegenden Berechnungen sind in dem zu a genannten Werk enthalten.

Soweit in diesen Schriften der Nachweis geführt ist, daß die Transportkosten auf Wasserstraßen gegenüber denjenigen auf Eisen-

*) Doch sei bemerkt, daß die Transportkosten der neuen Güterbahn auf Grund jetziger Kohlenpreise und erhöhter Besoldungen berechnet sind, während die Tarife der bestehenden Bahnen zu Zeiten erstellt sind, zu denen noch erheblich billigere Kohlen- und Arbeitspreise bestanden.

bahnen wesentlich billiger sind, darf zunächst nicht vergessen werden, daß Sympher die Wasserfrachtsätze nur mit den bestehenden Frachtsätzen der gewöhnlichen Eisenbahnen vergleicht.

Aber auch abgesehen von diesem Umstand zeigen die Sympherschen Berechnungen, mit so großer Sorgfalt und Sachkenntnis sie auch aufgestellt sind, mehrere Besonderheiten, die das Ergebnis zugunsten der Frachtkosten auf Wasserstraßen stark beeinflussen.

1. Die Kanalabgaben sind unter der Voraussetzung bemessen, daß durch sie außer der Deckung der Betriebs- und Unterhaltungskosten des Kanals eine 3 prozentige Verzinsung und $^1/_2$ prozentige Tilgung der Anlagekosten erreicht werden soll (vergl. Denkschriften der Kanalvorlagen 1901 und 1904). Tatsächlich beträgt der Zinsfuß der Staatsanleihen zurzeit 4 $^0/_0$, nicht 3 $^0/_0$, es hätten also im ganzen nicht 3 $^1/_2$, sondern 4 $^1/_2$ $^0/_0$ für Verzinsung und Tilgung gerechnet werden müssen, wie dies in vorstehender Rechnung geschehen ist.

2. Wo bei Sympher Frachtkosten für das Kilometer berechnet sind, dürfen diese mit den Eisenbahnfrachtsätzen für das Kilometer nicht ohne weiteres verglichen werden, weil die Wasserwege in der Regel erheblich weiter sind.

3. Sympher setzt die Kohlenpreise ziemlich niedrig ein. (Die wirtschaftliche Bedeutung des Rhein-Elbe-Kanals 10 Mk. f. d. Tonne, Zeitschrift für Bauwesen 1907 S. 577 12 Mk. f. d. Tonne). Für den Vergleich mit den hier berechneten Güterbahntransportkosten wird auch dieser Punkt Berücksichtigung verdienen.

4. Die Kosten für die Bemannung der Fahrzeuge, die anscheinend durchweg im Arbeiterverhältnis stehen soll, sind außerordentlich niedrig angesetzt, wobei auch Beurlaubungen, Erkrankungen usw. nicht berücksichtigt sind. Es mögen diese Sätze den zeitigen im Privatbetriebe entsprechen. Bei staatlichem Schleppmonopol aber, das allein für eine große Staatswasserstraße in Frage kommen kann, muß dieselbe soziale Fürsorge vorausgesetzt werden, wie sie zurzeit auf den Staatsbahnen stattfindet, und wie sie in den vorstehenden Berechnungen über die Transportkosten der Güterbahn zugrunde gelegt ist. Um die Transportkosten auf Kanälen mit denen auf Güterbahnen vergleichbar zu machen, muß auch auf die Steigerung der Gehälter und Löhne in gleicher Weise Rücksicht genommen werden, wie dies in den vorstehenden Berechnungen für die Güterbahn geschehen ist.

5. Sympher nimmt für einen Kanal im westlichen Deutschland 270 wirkliche Betriebstage an, wobei an den Sonntagen auf Minder-

leistung gerechnet ist. Bei Staatsbetrieb wird man vollständige Sonntagsruhe, d. h. in Anbetracht einer zweimonatigen Kanalsperre im Vergleich mit den 300 Betriebstagen der Güterbahn nur rd. 250 Betriebstage rechnen dürfen.

Für den Vergleich mit der Güterbahn werde, wie oben, vorausgesetzt, daß je zwei Kähne von 600 t Ladefähigkeit durch einen Schleppdampfer in Tag- und Nachtbetrieb geschleppt werden. In einer Verkehrsrichtung sei volle Ladung, in der anderen $^1/_5$ Ladung vorhanden. Während in den ursprünglichen Sympherschen Ermittlungen die zurzeit bei gut betriebenen Reedereien üblichen Liegezeiten in Rechnung gezogen sind, finden sich in dem Aufsatz in der Zeitschrift für Bauwesen 1907, S. 577 ff., daneben Beförderungskosten auf Grund stark abgekürzter Liegezeiten ermittelt, von denen dort selbst gesagt ist, daß sie im allgemeinen nicht und jedenfalls nicht während des ganzen Jahres eintreten werden und nur als Grenzfall zu betrachten sind. Ebenso, wie bei der Ermittlung der Anlagekosten, soll auch hier auf diese abgekürzten Liegezeiten nicht eingegangen werden, wie auch die für die Güterbahn angenommenen Transportkostensätze (letzte Spalte in Anl. II) auch dann annähernd ausreichen, wenn bei allen Transporten der ungünstigste Fall der Wagenausnutzung stattfinden sollte (was nicht zu erwarten ist). Es ist deshalb hier von der Berechnung in Anlage 12 des Sympherschen Werkes: „Die wirtschaftliche Bedeutung des Rhein-Elbe-Kanals", die mit den normalen Liegezeiten usw. rechnet, auszugehen. Für die reinen Schiffahrtskosten ermittelt Sympher (Die wirtschaftliche Bedeutung des Rhein-Elbe-Kanals Anlage 12, S. 10) die Formel $K = \left(\frac{90}{n} + 0,3\right)$ Pf. f. d. Tonnenkilometer, worin n die Anzahl der Kilometer bedeutet.

Für die obigen Entfernungen ergeben sich daher die reinen Schiffahrtskosten nach Sympher:

auf 170 km	zu	0,83 Pf.		f. d. Tonnenkilometer.
„ 280 „	„	0,62 „		
„ 390 „	„	0,53 „		
„ 500 „	„	0,48 „		

Die von Sympher angenommenen Besoldungssätze betragen nur etwa die Hälfte derjenigen, die man erhält, wenn man bezüglich der Verwendung von Beamten statt von Leuten im Arbeiterverhältnis und bezüglich der Besoldungshöhen von den Verhältnissen der preußisch-hessischen Staatsbahnen ausgeht, und wenn man in derselben Weise, wie es für die Güterbahn geschehen, die Pensionsbeträge, Vertretungen, Gehaltserhöhungen berücksichtigt. Berücksichtigt man ferner, daß statt 270 nur 250 Betriebstage vorauszusetzen sind, und erhöht man den von Sympher auf 10 Mk. f. d. Tonne angenommenen Kohlenpreis auf den gemäß den jetzigen Kohlenpreisen den obigen Berechnungen bei der Güterbahn zugrunde gelegten Preis von 14 Mk.*), so ergibt sich bei vorsichtiger und für den Kanal günstig gerechneter Vereinfachung**) der Rechnungsergebnisse, daß in obiger Formel zu dem ersten Glied $^1/_3$, zum zweiten $^1/_4$ zuzuschlagen ist. Für einen Vergleich mit den Transportkosten der Güterbahn hat also die Formel etwa zu lauten:

$$K = \left(\frac{120}{n} + 0{,}375\right) \text{ Pf/tkm.}$$

Hiernach stellen sich für die obigen Entfernungen die berichtigten Sätze der reinen Schiffahrtskosten wie folgt:

auf 170	km	1,080	Pf.	f. d. Tonnenkilometer
„ 280	„	0,803	„	
„ 390	„	0,682	„	
„ 500	„	0,615	„	

Zu den reinen Schiffahrtskosten treten als feste Kosten die Hafengebühren, Kosten für Verladen in das Schiff, Versicherungsgebühr, ferner als kilometrische Kosten die Kanalabgabe, letztere dazu bestimmt, die Unterhaltungs- und Betriebskosten sowie die Verzinsung und Tilgung des Anlagekapitals zu bestreiten. Erstere Kosten sind von Sympher (Anlage 12 S. 10) zu 0,45 Mk. angenommen worden, letztere gibt er dort zu 0,5 Pf./tkm an. Es erscheint aber richtiger, von der Denkschrift der Kanalvorlage von 1901 auszugehen, wo der feste Satz zu 0,60 Mk., der kilometrische für den Rhein-Elbe-Kanal zu durchschnittlich 0,575 Pf./tkm angegeben ist. Letzterer Betrag ist indessen, wie dort angegeben, nur so hoch bemessen, um neben den Unterhaltungs- und Betriebskosten eine mindestens $3^1/_2$ prozentige Verzinsung und Tilgung des Baukapitals zu liefern. Da hierfür nach heutigen Verhältnissen, wie oben bei der Güterbahn, $4^1/_2$ % gerechnet

*) Dies ist für den Kanal noch sehr günstig gerechnet, weil die Kanalfracht für Kohlen sich, wie unten gezeigt wird, höher stellt, als die Güterbahnfracht.

**) Von der Wiedergabe der umständlichen Berechnungen wird einstweilen abgesehen.

werden müssen, so sind statt 0,575 Pf. etwa 0,7 Pf./tkm anzusetzen. Zu den reinen Schiffahrtskosten treten hiernach:

$$\left.\begin{array}{llll} \text{auf} & 170 \text{ km} & \frac{60}{170} + 0{,}7 = 1{,}052 & \text{Pf.} \\ ,, & 280 \ ,, & \frac{60}{280} + 0{,}7 = 0{,}914 & ,, \\ ,, & 390 \ ,, & \frac{60}{390} + 0{,}7 = 0{,}854 & ,, \\ ,, & 500 \ ,, & \frac{60}{500} + 0{,}7 = 0{,}820 & ,, \end{array}\right\} \text{f. d. Tonnenkilometer,}$$

so daß die gesamten Transportkosteneinheitssätze sich stellen

		gegenüber denjenigen der Güterbahn von:
auf 170 km	2,132 Pf./tkm	1,15 Pf./tkm
„ 280 „	1,717 „	0,90 „
„ 390 „	1,536 „	0,80 „
„ 500 „	1,435 „	0,75 „

also nicht viel weniger, als doppelt so hoch. Berücksichtigt man nun ferner die bei dem Kanaltransport in der Regel zu machenden Umwege, außerdem die in vielen Fällen hinzutretenden Eisenbahnfrachten, ferner den Umstand, daß mit Rücksicht auf anschließende Wasserstraßen und Wassermangel zu gewissen Jahreszeiten zum nicht unerheblichen Teil kleinere Schiffe und nicht volle Ladungen verwendet werden müssen, so greift man nicht zu hoch, wenn man das Ergebnis dieser Ermittlung dahin zusammenfaßt, daß die Beförderungskosten auf einem vom Rhein zur Elbe geführten Kanal bei gleichen Bedingungen für die Berechnung mindestens reichlich das Doppelte derjenigen auf einer in derselben Verkehrsrichtung geführten Güterbahn betragen.

Dieses Ergebnis kann sich nur unwesentlich ändern, wenn man einzelne Einheitspreise niedriger ansetzt. Denn diese Preisherabsetzung würde der Güterbahn ebenso wie dem Kanal zugute kommen.

In den vorstehenden Ermittlungen ist allerdings für den Kanal nach der Denkschrift der Kanalvorlage 1901 nur ein Verkehr von durchschnittlich rd. 4 000 000 tkm, für die Güterbahn ein solcher von 10 000 000 tkm gerechnet. Das ist aber, auch abgesehen von der sehr viel geringeren Leistungsfähigkeit des Kanals, die unter C erörtert werden soll, deshalb gerechtfertigt, weil die Bahn durch ihre Anschlüsse ein viel größeres Gebiet zum Verkehr heranziehen kann, weil sie mit dem Fassungsvermögen ihrer Wagen sich besser dem Verkehrsbedürfnis anzuschmiegen vermag, als der Kanal mit dem seiner Schiffe, und weil die billigeren Preise auch in sehr viel größerem Maße den Verkehr anziehen. Berücksichtigt man dagegen die Frage der Leistungsfähigkeit, so ist bei einem durchschnittlichen Verkehr von 4 Millionen t, d. h. bei einem sehr viel größeren streckenweisen Verkehr, der Kanal nicht weit vom Ende seiner Leistungsfähigkeit, während die Güterbahn mit 10 000 000 t Verkehr höchstens $^1/_8$ ihrer Leistungsfähigkeit erreicht hat (vgl. S. 44). Steigt der Verkehr, wie zu erwarten, auf der Güterbahn auf durchschnittlich über 10 Millionen t, so sinken die Transportkosten noch erheblich, worin der Kanal bei seiner versagenden Leistungsfähigkeit nicht nachfolgen kann. (Vgl. die Schlußfolgerungen.)

Die vorstehenden Betrachtungen gründen sich auf die Verhältnisse der hier entworfenen Bahn und eine Transportmenge von durchschnittlich 10 Millionen t in beiden Richtungen zusammen. Bei größeren Baukosten und bei geringerem Verkehr steigen die Transportkosten, aber bei weitem nicht in gleichem Masse, wie bei einem in gleicher Verkehrsrichtung erbauten Kanal. Von welcher Transportmenge an es zweckmäßig und lohnend erscheint, die bestehenden Bahnen durch Erbauung besonderer Güterbahnen zu entlasten, wird in jedem Falle besonderer Untersuchung bedürfen. Jedenfalls werden aber außer der hier behandelten Richtung noch verschiedene andere Richtungen in Betracht kommen.

C. Die Leistungsfähigkeit von Güterbahn und Kanal.

Während auf der entworfenen zweigleisigen Güterbahn, wie oben S. 44 festgestellt, sofern genügende Bahnhofsanlagen vorgesehen werden, ohne Schwierigkeit jährlich mindestens 100 Millionen t in beiden Richtungen zusammen befördert werden können, beträgt die Leistungsfähigkeit eines zweischiffigen Kanals ohne Schleusen nach Sympher „Die wirtschaftliche Bedeutung des Rhein-Elbekanals“, Anlage 15, sowie nach der mehrfach angezogenen Denkschrift bei 22 stündigem Tag- und Nachtbetriebe nur 16 Millionen t, die eines zweischiffigen Kanals mit doppelten Schleusen sogar nur 8 Millionen t. Diese Zahlen werden oft wegen des beschränkten Wasservorrats noch einzuschränken sein. Daher läßt sich auch durch Erbauung weiterer Schleusen die Leistungsfähigkeit nicht beliebig steigern. Dieser gewaltige Unterschied der Leistungsfähigkeit des Kanals gegenüber der der Güterbahn ist, abgesehen von der beschränkten Leistungsfähigkeit der Schleusen und der Menge des verfügbaren Wassers, darauf zurückzuführen, daß die Fahrgeschwindigkeit der Schleppzüge mit Rücksicht auf Ersparnis an Zugkraft und Schonung der Böschungen nur einen kleinen Bruchteil der Geschwindigkeit der Güterbahnzüge beträgt, daß wegen der Schwierigkeit, die Schleppzüge zu hemmen, ein großer Spielraum zwischen je zwei in gleicher Richtung fahrenden Schleppzügen eingehalten werden muß, daß beim Begegnen zweier Schleppzüge die Fahrgeschwindigkeit vermindert werden muß, daß bei der Einfahrt in Häfen und bei der Ausfahrt aus Häfen erhebliche Zeitverluste entstehen, daß schließlich zwei Monate des Jahres wegen Eissperre für die Schiffahrt verloren gehen. Bei ungünstigen Trassierungsverhältnissen geht die Leistungsfähigkeit der Güterbahn zurück, aber bei weitem nicht in dem Maße, wie die eines in gleicher Richtung erbauten Kanals. Aber auch abgesehen von der absoluten Menge der Güter, die ein Kanal befördern kann, haben Kanäle als Beförderungsmittel gegenüber Güterbahnen in vielfacher Beziehung eine erheblich geringere Leistungsfähigkeit:

1. (Örtlich): Mit Güterbahnen kann man, wenigstens in Deutschland, nahezu überallhin vordringen und muß hierbei nur auf gewissen Strecken größere Neigungen, also verminderte Zuglängen, in Kauf nehmen. Demgegenüber ist bei Anlage von Kanälen ein Vordringen in gebirgige Gegenden nur in beschränktem Maße, mit hohen Bau- und Betriebskosten und mit stark verminderter Leistungsfähigkeit möglich. Bei Güterbahnen kann man für neuauftretende und besonders auch für vorübergehende Verkehrsbedürfnisse schnell und leicht Anschlüsse schaffen. Die Anlage von Kanalverzweigungen dagegen ist in vielen Fällen gar nicht, in der Regel aber nur mit Schwierigkeiten und unter erheblichem Kosten- und Zeitaufwand möglich. Auch die Bahnhöfe lassen sich, wenn zweckmässig angelegt, leicht und schnell erweitern. Wenn dagegen die örtliche Leistungsfähigkeit eines Kanals versagt, z. B. wegen unzureichender Schleusen oder Häfen, so ist eine Verbesserung, wenn überhaupt, in der Regel nur nach geraumer Zeit und mit bedeutenden Kosten ausführbar.

2. (Zeitlich): Die Kanäle sind im allgemeinen zwei Monate im Jahre durch Eis gesperrt. Dies hat nicht nur für diejenigen Transportgegenstände, die die Kanäle benutzen, zur Folge, daß die Transporte in den Eismonaten ausfallen oder auf die Eisenbahnen übergehen müssen und daß sie bei plötzlich eintretendem Frostwetter liegen

bleiben, sondern auch für die Eisenbahnen den Nachteil, daß sie in den Eismonaten überlastet werden*). Bei Fahrten, die im Zusammenhang mit der Kanalschiffahrt Flüsse mitbenutzen, sowie bei Kanälen, die aus zeitweise wasserarmen Flüssen gespeist werden, bilden ferner die Zeiten niedriger Wasserstände eine zeitliche Beschränkung.

3. (Qualitativ):

a) Die Beförderung erfolgt außerordentlich langsam.

b) Die Güter leiden durch die wiederholten Umladungen, u. U. auch durch die längere Beförderungsdauer.

c) Es können im allgemeinen nur solche Güter befördert werden, die ganze Schiffsladungen (z. B. von 350 oder 500 t) ausmachen, während auf den Güterbahnen eine Wagenladung die Beförderungseinheit ausmacht. Hiernach kommen die billigeren Beförderungspreise der Güterbahnen zahlreichen Güterarten zugut, für die eine Beförderung auf Kanälen schwer in Frage kommen kann, und zahlreichen Versendern und Empfängern, die nicht so große Mengen zu versenden und zu empfangen haben. Hierdurch wird wieder der Gesamtverkehr der Güterbahn gehoben und es tritt die Möglichkeit ein, die Beförderungspreise entsprechend zu ermäßigen.

Schließlich verdient auch die Leistungsfähigkeit von Kanal und Güterbahn für militärische Zwecke eine kurze Erörterung. Kanäle werden zwar, wie in der Begründung der Kanalvorlage von 1904 ausgeführt ist, subsidiär Transporte leisten können, so zur Beförderung von Verwundeten, zur Erhaltung der Volkswirtschaft während eines Krieges usw. Für die eigentlichen Kriegstransporte aber werden

*) Hiergegen wendet allerdings Sympher (Die wirtschaftliche Bedeutung des Rhein-Elbe-Kanals, S. 95) ein, daß die Monate der Kanalsperre nicht mit den Zeiten des größten Eisenbahnverkehrs zusammenfallen. Er muß hiernach annehmen, daß, um eine Überlastung der Eisenbahnen zur Zeit der Kanalsperre zu vermeiden, der von dem Kanal auf die Eisenbahnen übergehende Verkehr nicht größer werden darf, als die Differenz des Eisenbahnverkehrs zur Zeit der Kanalsperre und zur Zeit des Wagenmangels, und erkennt damit von vorneherein dem Kanal eine sehr untergeordnete Verkehrsbedeutung zu. Aber wenn man wirklich so verfahren wollte, so würde man damit alle die Übelstände, die in den jetzigen Monaten starken Eisenbahnverkehrs unvermeidlich sind, während weiterer zweier Monate hervorrufen. Das würde aber unleidlich sein, weil gewisse Gegenmaßregeln, wie die Vornahme von Reparaturen in anderen Monaten, die Einschränkung von Diensttransporten, die Beeinträchtigung der Sonntagsruhe usw. sich nicht auf beliebig viele Monate ausdehnen lassen. Außerdem ist jede sprungweise Verkehrssteigerung von nachteiligen Folgen begleitet, und hier um so mehr, als sie leicht mit anderen Verkehrsstörungen (Schneewehen, Schienenbrüche, Versagen der Rangierbahnhöfe usw.) zusammentreffen kann, und als sie in der Regel einzelne Bahnstrecken besonders stark treffen wird. Auch ist in den Wintermonaten die Leistung der Lokomotiven geringer. Symphers Einwand ist also nicht stichhaltig.

Kanäle — abgesehen von ihrer an sich geringen Leistungsfähigkeit für solche Transporte — wegen der Langsamkeit der Beförderung, wegen der Eissperre während zweier Monate, wegen der Unmöglichkeit, die Transportgegenstände auf den Kanälen selbst ans Ziel zu bringen (also Umladungen) im allgemeinen keine große Bedeutung besitzen. Ganz anders Güterbahnen bei ihrer außerordentlich großen Leistungsfähigkeit und der Möglichkeit, die Transporte mittels der gewöhnlichen Bahnen überallhin zu führen. Auch eine etwaige Zerstörung einer Schleuse, einer Auftragsstrecke, eines Brückenkanals usw. wirkt viel verhängnisvoller als die einer Eisenbahnbrücke, die heutzutage durch Kriegsbrücken schnell wieder ersetzt werden kann.

D. Einwirkung von Güterbahn und Kanal auf sonstige Verhältnisse.

Da die Kanäle regelmäßig vorwiegend in den Abtrag verlegt werden, so entziehen sie leicht der umliegenden Gegend das Wasser, wirken also häufig schädigend auf die Landwirtschaft. Anderseits wird auch wieder der normale Wasserabfluß leicht durch den Bau eines Kanals gehemmt. Derartige Einwirkungen übt eine Güterbahn bei zweckmäßiger Trassierung nicht so leicht aus.

Dagegen läßt sich von der Güterbahn erwarten, daß sie durch Ansiedlung von Industrien in weitgehender Verteilung auf das Land die Möglichkeit schafft, die Arbeiter in Gartenstädten anzusiedeln und so in sozialer Hinsicht segensreich zu wirken. Die wichtige Einwirkung der Güterbahnen auf die Einnahmen der vorhandenen Bahnen und somit auf den Staatshaushaltsetat soll hier deshalb nicht erörtert werden, weil dies mehr eine politische als eine wirtschaftliche Frage ist. Wenn Güterbahnen an sich nützlich oder notwendig erscheinen, können auch Verschiebungen in den Etatsverhältnissen nicht dagegen den Ausschlag geben.

E. Schlußfolgerungen.

In dem Kampf um die Bewilligung von Mitteln zum Ausbau der preußischen Wasserstraßen ist behauptet worden, man müsse die überlasteten Eisenbahnen durch den Bau von Kanälen entlasten und hierdurch eine leistungsfähigere und billigere Beförderungsgelegenheit bieten. Die vorstehenden Untersuchungen haben gezeigt, daß ein Kanal in der Anlage erheblich teurer ist als eine Güterbahn, und dabei nur einen kleinen Bruchteil dessen leisten kann, was eine Güterbahn zu leisten imstande ist. Eisenbahnen durch Kanäle entlasten zu wollen, ist daher ein verkehrtes Unterfangen. In der Billigkeit der Transportkosten aber haben die Kanäle, wenn man wirtschaftlich richtig rechnet, schon vor den Eisenbahnen gewöhnlicher Art nicht viel voraus; dagegen werden sie von besonderen Massengüterbahnen in den Tarifen um ein bedeutendes unterboten.

Es mag hier noch eingewendet werden, daß die ermittelten Beförderungspreise der Güterbahn von 0,75 bis 1,15 Pf. f. d. Tonnenkilometer sich von den billigsten Tarifen der bestehenden Bahnen, die 1,4 Pf. Streckensatz f. d. Tonnenkilometer aufweisen, nicht so wesentlich unterscheiden, um viel Aufhebens davon zu machen. Auf solchen Einwand ist einmal zu erwidern, daß die bestehenden Tarife auf Grund viel niedrigerer Kohlenpreise und Arbeitspreise erstellt sind, als solche der Berechnung der Beförderungskosten der neuen Güterbahn zugrunde gelegt sind. Ferner aber gilt jener Streckensatz von 1,4 Pf. nur für einen beschränkten Teil von Massengütern, bei denen soziale Rücksichten maßgebend dafür gewesen sind, eine besonders billige Beförderungsgelegenheit zu gewähren, während im Durchschnitt die Massengüter zu erheblich höheren Sätzen befördert werden. Gleichwohl ergibt auch jener billigste Streckensatz zuzüglich der Abfertigungsgebühr schon auf Entfernungen von 400 km die doppelten Frachtsätze gegenüber den errechneten des neuen Verkehrsmittels, auf größere Entfernungen relativ noch mehr. Und gerade auf große Entfernungen soll die Güterbahn die Beförderung verbilligen. Das tut sie aber nach der Tabelle auf S. 77 schon auf Entfernungen von rd. 400 km in dem Umfange, daß ihr gegenüber der Frachtsatz des Rohstofftarifs und des Spezialtarifs III rd. dreimal so hoch, derjenige des Holztarifs über viermal so hoch ist.

Und dabei darf nicht vergessen werden, daß die Beförderungssätze der neuen Güterbahn nur für eine gesamte durchschnittliche Beförderungsmenge von 10 Millionen Tonnen ermittelt sind. Steigt der Verkehr, wenn das Verkehrsmittel den Erwartungen entspricht, noch höher, so gehen die Sätze noch weiter herunter. Nach den Ergebnissen der Berechnungen in der Vorstudie dürften sie z. B. bei 40 Millionen Tonnen durchschnittlichem Verkehr, der weit unter der Leistungsfähigkeit der Bahn bleibt und durchaus innerhalb der Grenzen des Möglichen liegt, auf etwa $^2/_3$ der hier ermittelten Sätze heruntergehen, dann also nur rd. $^1/_3$ bis $^1/_6$ derjenigen der jetzt bestehenden billigsten Tarife betragen.

Die vorhandenen Wasserstraßen werden ihren Nutzen nie ganz verlieren, werden vielmehr für gewisse Verkehrsbeziehungen und Güter stets eine große Bedeutung behalten. Auch werden kürzere Kanäle im Anschluß an bestehende Wasserstraßen und zur Verbindung solcher auch in Zukunft mit Vorteil gebaut werden können. Wenn es sich aber darum handelt, für den voraussichtlich immer gewaltiger anschwellenden Verkehr der Zukunft neue leistungsfähige und billige Verkehrsmittel zu schaffen, so können hierfür im allgemeinen nicht Kanäle, sondern nur Güterbahnen in Frage kommen, einmal wegen der erheblich niedrigeren und bei fast unbegrenzt wachsenden Mengen immer weiter fallenden Transportkosten, dann aber auch wegen der bei den Güterbahnen ausgezeichneten, bei den Kanälen aber mangelhaften, absoluten, räumlichen, zeitlichen und qualitativen, auch militärischen, Leistungsfähigkeit.

Anlage I.

Kostenüberschlag

zum

Vorentwurfe einer Güterbahn vom Rheinisch-Westfälischen Industriegebiet nach Berlin.

		Im einzelnen Mark	Im ganzen Mark
	Titel I.		
	Grunderwerb und Nutzungsentschädigung.		
	Grunderwerb für rd. 440 km zweigleisige Bahn einschließlich der Bahnhofsflächen usw. 440 × 50 000.—		22 000 000.—
	Titel II.		
	Erd-, Fels- und Böschungsarbeiten einschließlich aller besonderen Böschungsbefestigungen usw. nach besonderer Ermittlung . 23 000 000 cbm	1.25	28 750 000.—
	Titel III.		
1	Einfriedigungen . . . . 440 km	6 000.—	2 640 000.—
2—4	Schneeschutzanlagen usw. zur Abrundung. . .		360 000.—
	Titel IV.		
3 a	Wege- und Bahn-Unter- und Überführungen einschl. Zufahrten, darunter 120 Chausseen, 78 Landwege, 133 Feldwege, 27 Bahnkreuzungen (von den Bauwerken sind rd. 200 ohne erhebliche Erdarbeiten herzustellen), rd. 360 Bauwerke zum Preise von durchschnittlich . . .	25 000.—	9 000 000.—
3 b	Bahn-Unter- und Überführungen und sonstige Anlagen an den Anschlüssen . . . 20 Stück	200 000.—	4 000 000.—
	zu übertragen . .		66 750 000.—

		Im einzelnen Mark	Im ganzen Mark
	Übertrag . .		66 750 000.—
	Titel V.		
1	Durchlässe und Brücken bis einschließlich 10 m Lichtweite der größten Öffnung für 440 km	5 000.—	2 200 000.—
2	Brücken von mehr als 10 m Lichtweite		
	a) 1 Elbbrücke rd. 1 km lang		8 000 000.—
	b) 14 Brücken von 20 bis 200 m, durchschnittlich 90 m Gesamtlänge.		5 600 000.—
	Titel VI.		
	Vier Tunnel von im ganzen rd. 5000 m Länge 5000 m	1 500.—	7 500 000.—
	Titel VII.		
	Oberbau.		
	1300 km Gleise der Strecke, der Bahnhöfe und der Anschlüsse (vgl. S. 64) durch die Weichen durchgerechnet.		
1 u. 2 4, 6, 7	Im ganzen 1300 km zu durchschnittlich	35 000.—	45 500 000.—
3	Mehrkosten der Weichen . . . . rd. 800 Stück	500.—	400 000.—
5	Anlage von Stellwerken. . . . . rd. 900 Hebel	1 000.—	900 000.—
8	Verschiedene Ausgaben		750 000.—
	Titel VIII.		
	Für elektromagnetische Anlagen, optische Signale, Wärterbuden usw. . . . für 440 km	15 000.—	6 600 000.—
	Titel IX.		
	Bahnhöfe.		
1	Entwässerung der Bahnhöfe		500 000.—
2 (5)	10×3=30 Stationsabfertigungsgebäude 30 Stück	25 000.—	750 000.—
4 (5)	Aborte.		100 000.—
7 (9)	Dienstwohngebäude durchschnittlich 10×500000		5 000 000.—
	zu übertragen . .		150 550 000.—

		Im einzelnen Mark	Im ganzen Mark
	Übertrag . .		150 550 000.—
8	Wirtschaftsgebäude, Bureaus usw., Übernachtungsgebäude.		1 500 000.—
10	Lokomotivschuppen für rd. 60 Lokomotiven . .	15 000.—	900 000.—
11	Koks-, Kohlen-, Torfschuppen, Kohlenladebühnen 10 mal durchschnittlich	90 000.—	900 000.—
16	Wasserstationen 10 mal	90 000.—	900 000.—
17	Feuerlösch- und Reinigungsgruben außerhalb der Gebäude		150 000.—
18	Drehscheiben 10 mal	30 000.—	300 000.—
19-27	Sonstige Anlagen der Bahnhöfe		2 700 000.—
	Titel X.		
	Werkstattanlagen.		3 000 000.—
	Titel XIII.		
	Verwaltungskosten rd. 3% der Kosten I—X und XIV.		5 100 000.—
	Titel XIV.		
	Insgemein		10 000 000.—
			176 000 000.—

Beförderungskosten für die Tonne

Menge und Transportweite	Zeitaufwand für Zustellung, Be- und Entladung (Ausnutzung der Wagen)	1. Kosten für die beförderte Tonne, die im geraden Verhältnis der Transportleistung wachsen							2. Rangierkosten	3. Verzinsung und Tilgung der Beschaffungskosten der Wagen
		a) Kohlen, Wasser und Betriebsmaterialien	b) Lokomotivmannschaften	c) Zugmannschaften	d) Unterhaltung und Ausbesserung der Lokomotiven	e) Unterhaltung und Ausbesserung der Wagen	f) Unterhaltung und Ergänzung der Inventarien, Drucksachen	Zusammen a—f		
		Mark	Mark	Mark	Mark	Mark	Mark	Mark	Mark	Mark
2 500 000 Tonnen auf 440 + 60 = 500 km	8 Stunden	0,238	0,085	0,055	0,119	0,352	0,023	0,872	0,040	0,106
	72 Stunden	.	.	.	.	.	.	0,872	0,040	0,275
3 000 000 Tonnen auf 330 + 60 = 390 km	8 Stunden	0,179	0,064	0,041	0,089	0,275	0,018	0,666	0,040	0,084
	72 Stunden	.	.	.	.	.	.	0,666	0,040	0,253
6 500 000 Tonnen auf 220 + 60 = 280 km	8 Stunden	0,119	0,043	0,028	0,059	0,197	0,012	0,458	0,040	0,063
	72 Stunden	.	.	.	.	.	.	0,458	0,040	0,232
8 000 000 Tonnen auf 110 + 60 = 170 km	8 Stunden	0,060	0,021	0,014	0,029	0,120	0,006	0,250	0,040	0,042
	72 Stunden	.	.	.	.	.	.	0,250	0,040	0,211

Nutzlast auf der geplanten Güterbahn. **Anlage II.**

4. Verzinsung und Tilgung der Beschaffungskosten der Lokomotiven Mark	5. Verzinsung und Tilgung der Baukosten Mark	6. Stationskosten und Streckenbewachungskosten ausschl. Streckensignal- und Lokomotivbedienung Mark	7. Unterhaltung und Erneuerung der baulichen Anlagen Mark	8. Bedienung der Streckensignale und Blockeinrichtungen Mark	9. Kosten der Zu- und Abführung der Wagen Mark	10. Staats- und Kommunalsteuern. Ersatzleistungen Mark	11. Verwaltungskosten, Abfertigungskosten Mark	Gesamtkosten für die beförderte Tonne Mark	Beförderungskosten für das tkm Pfennig	Möglicher Tarifsatz einschl. Abfertigungskosten für das tkm Pfennig
0,090	0,792	0,096	0,370	0,010	0,900	0,088	0,200	3,564	0,713	0,75
0,090	0,792	0,096	0,370	0,010	0,900	0,088	0,200	3,733	0,747	
0,068	0,594	0,072	0,278	0,008	0,900	0,066	0,200	2,976	0,763	0,80
0,068	0,594	0,072	0,278	0,008	0,900	0,066	0,200	3,145	0,806	
0,045	0,396	0,048	0,185	0,005	0,900	0,044	0,200	2,384	0,851	0,90
0,045	0,396	0,048	0,185	0,005	0,900	0,044	0,200	2,553	0,912	
0,023	0,198	0,024	0,093	0,003	0,900	0,022	0,200	1,795	1,056	1,15
0,023	0,198	0,024	0,093	0,003	0,900	0,022	0,200	1,964	1,155	

Beförderte Mengen (Tonnen) nach der deutschen

Richtung:	Verkehr zwischen dem Westende der Güterbahn, d. h. zwischen den Bezirken 22, 23 (Ruhrrevier), 24 (Provinz Westfalen usw.), 25, 26 (Rheinprovinz ausschließlich Ruhrrevier und Rheinhafenstationen), 28 (Rheinhafenstationen) und							
	11. Provinz Hannover usw.		18. Reg.-Bezirk Magdeburg usw.		16. Berlin		17. Provinz Brandenburg	
	ostwärts	westwärts	ostwärts	westwärts	ostwärts	westwärts	ostwärts	westwärts
1. Abfälle	.	.	.	.	.	.	.	.
6. A-B. Braunkohlen, Braunkohlenbriketts	25 000	10 000	.	.	.	.	.	.
7. Zement usw.	30 000	50 000	.	.	.	.	.	.
10. Düngemittel aller Art	205 000	100 000	40 000	10 000	.	.	45 000	.
11. A-C. Roheisen, Eisen- und Stahlbruch	70 000	60 000	55 000	10 000	20 000	.	15 000	.
12. Eisen und Stahl	140 000	5 000	55 000	.	95 000	.	145 000	.
13. Eisenbahnschienen	40 000	20 000	15 000	.	15 000	.	35 000	.
14-19. Verschiedene Eisen- und Stahlwaren	85 000	25 000	35 000	10 000	70 000	10 000	35 000	15 000
20. Eisenerz	30 000	5 000	.	.	.	.	.	.
21. Erde, Kies usw.	100 000	30 000	.	.	.	.	.	.
22. A-C. Erze	85 000	20 000	.	.	.	.	.	.
28. A-I. Getreide	25 000	15 000	.	25 000	.	.	.	.
31. A-D. Holz	30 000	200 000	.	265 000	.	.	.	180 000
36. Kalk, gebrannter	50 000	45 000	.	.	.	.	.	.
37. Kartoffeln	.	55 000	.	70 000	.	.	.	50 000
41. A-B. Mehl, Kleie	10 000	50 000	.	.	.	.	.	.
46. Petroleum	5 000	10 000	5 000	.	.	.	.	.
49, 50. Rüben, Rübensirup	15 000	10 000	.	.	.	.	.	.
52. Salz	5 000	80 000	.	40 000	.	.	.	.
55. A-B. Soda	.	.	.	.	.	.	.	.
58, 59. Steine	95 000	195 000	10 000	5 000	.	.	.	.
60. A-C. Steinkohlen, Steinkohlenbriketts, Steinkohlenkoks	3 810 000	50 000	650 000	.	110 000	.	205 000	.
62. Teer, Pech, Asphalt, Harz	.	30 000	.	.	.	.	.	.
68. A-B. Zucker	.	40 000	.	.	.	.	.	.
70. Sonstige Güter	25 000	125 000	5 000	10 000	20 000	10 000	10 000	5 000
	4 880 000	1 230 000	870 000	445 000	330 000	20 000	490 000	250 000
Zur Hälfte	2 440 000	615 000	.	.	.	.	.	.

Güterbewegungsstatistik für das Jahr 1905.

Anlage III.

Verkehr zwischen der Provinz Hannover usw. (11) und						Verkehr zwischen dem Regierungsbezirk Magdeburg, Anhalt (18) und			
18. Reg.-Bezirk Magdeburg usw.		16. Berlin		17. Provinz Brandenburg		16. Berlin		17. Provinz Brandenburg	
ostwärts	westwärts	ostwärts	westwärts	ostwärts	westwärts	ostwärts	westwärts	ostwärts	westwärts
.	.	.	.	.	.	.	.	.	.
270 000	405 000	.	.	5 000	.	.	.	10 000	5 000
45 000	.	45 000	.	25 000	.	10 000	.	20 000	.
200 000	45 000	5 000	5 000	35 000	.	.	55 000	160 000	10 000
30 000	10 000	.	.	.	.	.	5 000	.	5 000
35 000	5 000	35 000	.	10 000	.	5 000	.	.	.
5 000	.	.	.	5 000	.	.	.	.	.
15 000	15 000	10 000	5 000	5 000	.	15 000	5 000	10 000	5 000
.	.	.	.	.	.	.	.	.	.
20 000	15 000	.	.	.	.	10 000	.	10 000	.
.	10 000	.	.	.	5 000	.	.	.	.
5 000	100 000	.	.	.	.	.	.	5 000	5 000
30 000	65 000	.	.	.	10 000	30 000	5 000	25 000	25 000
20 000	.	140 000	.	40 000	.	5 000	.	20 000	.
.	15 000	.	.	.	.	5 000	.	.	5 000
20 000	15 000	.	.	5 000	5 000	.	.	5 000	15 000
.	5 000	25 000	.	.	.	.	.	.	.
50 000	60 000	.	.	.	.	5 000	.	5 000	10 000
5 000	10 000	5 000	.	5 000	.	25 000	.	20 000	.
.	15 000	.	.	.	.	15 000	.	15 000	.
195 000	90 000	10 000	.	5 000	.	10 000	5 000	135 000	5 000
40 000	10 000	.	.	.	.	.	.	.	10 000
5 000	.	10 000	.	.	.	.	.	.	.
120 000	10 000	.	.	.	.	5 000	.	10 000	.
40 000	25 000	45 000	5 000	15 000	5 000	20 000	10 000	10 000	15 000
1 150 000	925 000	330 000	15 000	155 000	25 000	160 000	85 000	460 000	115 000
.	.	.	.	.	.	.	.	.	.

Zu Anlage III.

Zusammenstellung.

	Wirklich beförderte Mengen (Tonnen)		Auf die ganze Bahnlänge reduzierte Mengen (Tonnen)	
a) Ganze Entfernung:	ostwärts	westwärts	ostwärts	westwärts
Westbezirke Berlin	330 000	20 000		
„ Brandenburg . . .	490 000	250 000		
			820 000	270 000
b) Halbe Entfernung:				
Westbezirke Hannover zur Hälfte	2 440 000	615 000		
Hannover—Berlin.	330 000	15 000		
Hannover—Brandenburg	155 000	25 000		
	2 925 000	655 000		
Reduziert auf die ganze Bahnlänge			1 462 500	327 500
c) Viertel-Entfernung:				
Hannover—Magdeburg	1 150 000	925 000		
Magdeburg—Berlin	160 000	85 000		
Magdeburg—Brandenburg . . .	460 000	115 000		
	1 770 000	1 125 000		
Reduziert auf die ganze Bahnlänge			442 500	281 250
d) Dreiviertel-Entfernung:				
Westbezirke Magdeburg	870 000	445 000		
Reduziert auf die ganze Bahnlänge			652 500	333 750
		Im ganzen	3 377 500	1 212 500
Hierzu treten als über die ganze Entfernung zu erwartender Verkehr (Westfälische Kohle) (1905 Wasserweg)			120 000	
Zu verdrängende englische Kohle (1905)			730 000	
Im ganzen			4 227 500	1 212 500
			1 212 500	
In beiden Richtungen zusammen			5 440 000	

Professor Wilhelm Cauer

Vorstudie zur Denkschrift betreffend die Wirtschaftlichkeit besonderer Güterbahnen für Massentransport (Massengüterbahnen).

I. Fragestellung.

Zur Verbilligung der Erzeugungskosten der deutschen Industrie und damit zur Verbesserung ihrer Stellung im internationalen Wettbewerb plant Herr Dr. W. Rathenau die tunlichste Herabsetzung der Beförderungskosten von Massengütern. Da die Grundpreise der Materialien ebenso wie die Löhne eine Herabminderung nicht zulassen, so kann allein dadurch eine wesentliche Herabminderung der Erzeugungskosten erwartet werden, daß es gelingt, die räumliche Entfernung zwischen den Gewinnungs- und Einfuhrorten der verschiedenen zu derselben Gütererzeugung benötigten Rohmaterialien und dieser wieder von den Orten billiger Kraftgewinnung und billiger Arbeitslöhne als verteuernden Umstand möglichst auszuschalten, d. h. einen Zustand herbeizuführen, bei dem es gelingt, alle zu einer Gütererzeugung erforderlichen Materialien, sowie billige Kraftgewinnung und billige Arbeitskräfte ohne erhebliche Beförderungskosten an einer günstig gelegenen Stelle zu vereinigen.

Zu diesem Zweck erscheinen die Kanäle, auch abgesehen davon, daß ihre billigen Beförderungsgebühren zum großen Teil darin beruhen, daß man auf volle Verzinsung des Anlagekapitals verzichtet, schon deshalb nicht geeignet, weil es nicht möglich ist, die Kanäle in der Weise im Lande zu verzweigen, wie es vorstehender Zweck erfordern würde, auch weil die Kanäle einen Teil des Jahres hindurch unbenutzbar sind. Herr Dr. W. Rathenau hat deshalb die Frage aufgeworfen, ob es nicht möglich ist, Güterbahnen besonderer Art anzulegen, die infolge des Fortfalls all der teuren Anlagen und Betriebseinrichtungen, die bei unseren gewöhnlichen Eisenbahnen wegen der Mannigfaltigkeit des zu bewältigenden Verkehrs nötig sind, und durch geeignete einfache und wirtschaftliche Gestaltung eines Massenverkehrs nur einen Bruchteil der Beförderungskosten unserer jetzigen Eisenbahnen bedingen sollen.

Zu dieser Frage liegt bereits eine Denkschrift von Herrn Regierungsbaumeister Neumann vor, die zwar die Ziele der geplanten

Neuerung eingehend darlegt, aber in bezug auf die Gestaltung des Betriebes und die Berechnung des wirtschaftlichen Ergebnisses noch nicht ausreichende Klarheit geschaffen hat.

Zur weiteren Verfolgung der Angelegenheit soll zunächst nicht versucht werden, die beste Lösung zur Erreichung des geplanten Zweckes zu finden, sondern vorerst nur zu prüfen, ob überhaupt Aussicht vorhanden ist, durch geeignete Anlage und Betriebsgestaltung von Güterbahnen die Güterbeförderung so billig zu gestalten, daß die Beförderungspreise für Massengüter nur einen Bruchteil der jetzigen Beförderungspreise betragen.

II. Vorbetrachtungen über mögliche Lösungen.

Wenn es auch nach Lage der Dinge nicht darauf ankommen kann, schon jetzt besondere Lösungen mit allen technischen Einzelheiten der Untersuchung zu unterziehen, so ist doch eine gewisse vorherige Klärung der Anschauungen darüber erforderlich, welche Verkehrsbedingungen vorliegen müssen, wenn Gütertransporte in der gedachten Weise ausführbar sein sollen, und welche verschiedenen Gestaltungen und Betriebsweisen der technischen Anlagen hierfür in Frage kommen können. Nur dann wird man hoffen können, mit der Untersuchung der Frage nicht zu sehr in einseitige Bahnen zu geraten.

A. Verkehrsverhältnisse und Bahnnetz.

Wenn die Güterbeförderung gegen die jetzigen Kosten erheblich verbilligt werden soll, so ist hierfür wesentliche Voraussetzung ein Massenverkehr. Darunter ist zu verstehen ein Verkehr, bei dem nicht nur im ganzen große Massen zu befördern sind, sondern bei dem auch:

1. die durch denselben Versender gleichzeitig zum Versand kommenden Einzelmengen relativ groß sind, mindestens ganze Wagenladungen, tunlichst aber Mengen von Wagenladungen,
2. die Gesamtmenge der für das Kilometer zu befördernden Güter groß ist,
3. die Wagenladungen in möglichst großer Zahl vom Versand- bis zum Empfangsort gemeinsame Wege haben, so daß womöglich geschlossene Züge vom Versand- zum Empfangsort und ebenso leer in umgekehrter Richtung durchgeführt werden können,
4. auf jeder Verkehrsanlage möglichst Güter gleicher Art in großen Mengen behandelt werden, wodurch zugleich die Zahl der Stationen verhältnismäßig gering ist.

Unter diesen Voraussetzungen sind in folgenden Beziehungen Ersparnisse zu erwarten:

a) Durch die große Menge der im ganzen zu befördernden Güter wird der auf die beförderte Tonne entfallende Anteil an Verzinsung und Tilgung des Anlagekapitals der festen Anlagen entsprechend herabgedrückt. In geringerem Maße gilt dies auch von dem Anteil an Bahnerhaltungs- und Erneuerungskosten.

b) Durch die Beförderung großer Gütermengen werden die durch den Betrieb auf den Strecken und Stationen entstehenden Kosten (namentlich auch die Personalkosten) relativ gut ausgenutzt.

c) Infolge der geringen Zahl der Stationen wird an Stationskosten, insbesondere an Personalkosten, gespart.

d) Durch die Beförderung großer Gütermengen, namentlich aber durch die Zusammenfassung großer Mengen von Wagenladungen zu gemeinsamen Transporten wird es möglich, den Betrieb besonders einfach und vorteilhaft zu gestalten, d. h. die Zugkraft billig zu beschaffen, an Zugbegleitpersonal und ferner an Kosten und an (Kostenaufwand bedeutendem) Zeitverbrauch für Bildung, Zerlegung und Umordnung von Zügen zu sparen.

e) Die Vereinfachung des Betriebes (zu d) wirkt zugleich ermäßigend auf die Anlagekosten, ermäßigt somit weiter den nach a auf die Transporteinheit entfallenden Kostenanteil.

f) Durch die einfache Betriebsgestaltung wird sich ein schneller Wagenumschlag und damit eine gute Ausnutzung des in den Wagen steckenden Anlagekapitals ermöglichen lassen.

g) Durch die große durchschnittliche Gewichtsmenge der Einzelsendung werden die auf die Gewichtseinheit entfallenden Abfertigungskosten und Generalkosten sehr klein.

h) Die Generalkosten werden sich auch durch die Beschränkung auf den Massengüterverkehr in bestimmten Verkehrsbeziehungen verhältnismäßig gering stellen.

i) Die Versendung mittels ganzer Wagenladungen in großer Anzahl von gleichen Versandorten und nach gleichen Empfangsorten, und tunlichst auch gleicher Güterarten von und nach denselben Orten gestattet es, mechanische Einrichtungen für Be- und Entladung zu verwenden.

Hiernach werden sich am billigsten Transporte gleichartiger Güter stellen, die in großen geschlossenen Massen über die ganze Länge einer Einzelbahn von deren Anfangspunkt zu deren Endpunkt befördert werden. Es ist aber nicht erforderlich, die geplante Einrichtung auf solche Fälle zu beschränken. Auch Transporte von und nach Unterwegstationen und solche, die von Seitenbahnen herkommen und nach solchen hingehen, werden sich billig gestalten lassen, wenn nur hierdurch die Einfachheit des Betriebes nicht beeinträchtigt wird, d. h. wenn solche Transporte von und nach Unterwegsstationen und von und nach Seitenbahnen je für sich in hinreichend großen Mengen auftreten, daß das Umordnen, Zerlegen und Neubilden von Zügen unterwegs wenigstens nicht in erheblichem Maße erforderlich wird.

Eine besondere Frage ist es, ob man nur auf Transporte von Anschlußgleisbesitzern und für solche wird zu rechnen haben, oder ob auch die Aufnahme und Abgabe von Transporten auf eigenen Anlagen der Bahnverwaltung in Betracht zu kommen hat. Es ist zweifellos, daß es für die Herabminderung der Beförderungskosten besonders vorteilhaft sein wird, wenn große Gütermengen von Anschlußgleisen geschlossen der Bahn zuströmen und geschlossen nach Anschlußgleisen überzuführen sind. Es kann aber eben so vorteilhaft ein Transport von und nach eigenen Anlagen der Bahn sich gestalten, wenn nur das Wesen des Massentransportes und die billige Be- und Entladung dabei gewahrt bleiben. Z. B. werden Transporte von großen Kies-, Erz-, Kohlengewinnungsstellen, die im eigenen Betriebe der Bahn stehen, nach gemeinsamen Entladestellen recht eigentlich die Entwicklung der Eigenart des geplanten Verkehrsmittels gestatten. Auch wenn zahlreiche von einzelnen Anschlußgleisen herkommende Sendungen auf Sammelbahnhöfen zu geschlossenen Transporten sich vereinigen lassen, die von Verteilungsbahnhöfen ebenso einzelnen Anschlußgleisen zugeführt werden, braucht eine erhebliche Verteuerung der Transporte nicht einzutreten. Dagegen wird jede Zersplitterung der Gütermengen bei der Be- und Entladung auf bahneigenen Freiladebahnhöfen, namentlich wenn sie mit Zu- und Abfuhr mittels Landfuhrwerks verknüpft ist, zu einer merkbaren Verteuerung der Transporte führen und geeignet sein, das Gesamtergebnis zu beeinträchtigen.

Die Frage, welche Arten von Gütern hiernach für die geplanten Bahnen in Betracht kommen, wird einer besonderen Untersuchung bedürfen. Für gar manche Transporte können die Vorbedingungen erst durch die Verbilligung der Beförderungspreise geschaffen werden, so daß Ermittlungen über die inneren Verhältnisse der verschiedensten

Industriezweige anzustellen sein werden, bevor man hier ein zutreffendes Urteil abgeben kann. Nur das dürfte feststehen, daß es sich hier in der Hauptsache nur um Massengüter, wie Erze, Kohlen, Steine, Kies, Erden, Schlacken usw. handeln kann.

Hiernach kann auch die Frage über das etwa anzulegende Bahnnetz und dessen Verzweigungen noch nicht endgültig beantwortet werden, sondern nur soviel gesagt werden, daß es darauf hinauslaufen wird, die Haupterzeugungsgebiete und Verbrauchsgebiete miteinander und eventl. auch mit wichtigen See- und Flußhäfen zu verbinden.

B. Bahnsystem. Betriebsmittel.

Die Bahnen des neuen Unternehmens werden selbstredend mindestens zwei Gleise, für Hin- und Rücklauf der Wagen, aufzuweisen haben. Im übrigen ist die erste Frage, die bezüglich des Bahnsystems auftritt, die: Soll die geplante Bahn mit dem vorhandenen Bahnnetz derart in Verbindung stehen, daß letzteres gewissermaßen als Zubringer zu betrachten ist? Stellenweise wird solches Verfahren zweckmäßig sein. Doch wird nicht anzunehmen sein, daß die Wagen der neuen Bahn in Züge der vorhandenen Bahnen eingestellt werden. Denn man würde hierdurch sich in der Bauweise der Wagen Beschränkungen auferlegen, die sehr ungünstigen Einfluß ausüben können. Namentlich erscheint es aber erwünscht, wenn es gelingt, die Einrichtungen so zu treffen, daß die auf den Werken vorhandenen Gleise von den Betriebsmitteln der neuen Bahn mitbenutzt werden können.

Bei der Eigenart, die das geplante Verkehrsmittel durch die Massenbeförderung gewinnen wird, liegt es nahe, zu fragen, ob nicht auch ein eigenartiges Bahnsystem hierfür zu wählen sein wird. So könnte z. B. ein Vergleich mit den in den Industriebezirken vielfach gebräuchlichen Drahtseilbahnen auf den Gedanken führen, in ähnlicher Weise die geplante Bahn nicht mit einzelnen in ihrer Bewegung voneinander unabhängigen Zügen zu betreiben, sondern einen kontinuierlichen Betrieb nach Art eines Paternosterwerks einzurichten. Vielleicht würde sich hierdurch die beste Ausnutzung der Bahn, d. h. die größte Beförderungsmenge erzielen lassen. Aber abgesehen von anderen gewichtigen Bedenken, erscheint eine solche Betriebsweise deshalb ungeeignet für den vorliegenden Zweck, weil die geringste Betriebsstörung an irgend einer Stelle den ganzen Betrieb auf hunderte von Kilometern lahmlegen würde.

So kann denn nur eine Bahn mit einzelnen in ihrer Bewegung von einander unabhängigen Zügen in Betracht kommen. Auch die

Frage, ob etwa statt des üblichen Systems der Zweischienenbahn die Schwebebahn zu wählen sein wird, ist zu verneinen. Zwar würde es bei der Schwebebahn möglich sein, selbstkippende Wagen zu einem billigeren Preise herzustellen als bei der Zweischienenbahn. Diesem Vorteil stehen aber andere gewichtige Nachteile gegenüber, so die teure Bauweise der Bahn selbst, die umständliche Handhabung der Weichen, namentlich aber auch der Umstand, daß die auf den industriellen Werken usf. vorhandenen Gleise für den Verkehr der Wagen nicht benutzbar wären, vielmehr hierfür neue, kostspielige Anlagen geschaffen werden müßten, für die u. U. neben den nicht entbehrlichen Anlagen der gewöhnlichen Gleisanschlüsse der Platz mangeln wird. So wird wenigstens für diese Untersuchung zunächst anzunehmen sein, daß für das geplante Verkehrsmittel eine Zweischienenbahn gewöhnlicher Bauart zu verwenden ist.

Wenn nicht etwa besondere Untersuchungen zeigen sollten, daß mit einer Vergrößerung der Spurweite wesentliche Vorteile, z. B. für die Bauart der Wagen, zu erzielen sind, so dürften ähnliche Erwägungen, wie vor, dafür sprechen, für das geplante Verkehrsmittel die normale Spurweite von 1,435 m zu verwenden. Jedenfalls wird für die jetzige Voruntersuchung an dieser Spurweite festzuhalten sein. Sollte man sich zu einer anderen Spurweite entschließen, so würde man auf den zugleich von normalspurigen Betriebsmitteln zu befahrenden Anschlußgleisen drei oder vier Schienen zu verlegen haben.

Etwas anders als die Frage der Spurweite liegt die Frage, welche Achsdrücke und Achsdruckfolge für die Wagen zuzulassen sind. Es erscheint nicht ohne weiteres geboten, sich mit den Achsdrücken der Wagen an das durch die deutsche Betriebsordnung vorgeschriebene Lastschema zu halten, bei dem für die Wagen Achsdrücke von 13 t in 3,0 m Abstand vorgesehen sind. Dieses Lastschema ist nur für die neu zu erbauenden und zu erneuernden Brücken maßgebend. Der Oberbau verträgt die stärkeren Achsdrücke der Lokomotiven. Auch Brücken kleiner Spannweite, selbst wenn sie nicht ganz den erwähnten neuen Belastungsvorschriften entsprechen sollten, können, sofern sie nur dazu bestimmt sind, mit Lokomotiven befahren zu werden, in der Regel eine stärkere Belastung vertragen, als sie Achsdrücken von 13,0 t in 3,0 m Abstand entspricht.

Da nun die Bahn mit ihren Brücken ganz neu zu erbauen ist, auf den Anschlußgleisen im allgemeinen Brücken großer Spannweite selten vorkommen werden, Verstärkungen des Oberbaues, wo erforderlich, sich aber bei Auswechslungen unschwer herbeiführen lassen, so liegt kein Hindernis vor, falls dies aus anderen Gründen zweckmäßig sein sollte, mit dem Gewicht der Wagen über obige Grenze, d. h. über 4,33 t/m hinauszugehen. Hierin kann aber ein großer Vorteil liegen für billigere Bauart der Wagen und für Verkürzung der Züge, die zu einer Erhöhung der Leistungsfähigkeit der Bahn führen würde. Es wird also diese Frage einer eingehenden Prüfung bedürfen, bevor man eine endgültige Entschließung trifft. Für die gegenwärtige vorläufige Untersuchung empfiehlt es sich gleichwohl, zunächst an den normalen Verhältnissen festzuhalten, also das Gewicht der Wagen nicht höher als auf 4,33 t/m zu bemessen.

Auch die Beantwortung der besonders wichtigen Frage der Ladefähigkeit und der Bauart der Wagen wird eingehenden Erwägungen und Versuchen vorzubehalten sein. Doch dürfte man ohne weiteres behaupten können, daß nur Wagen relativ großer Tragfähigkeit in Frage kommen können, da diese im Verhältnis zur Nutzlast billiger, leichter und kürzer sich herstellen lassen, als die normalen Wagen. Ob man vier- oder sechsachsige Drehgestellwagen anwenden wird oder kurze, zweiachsige mittels Kurzkupplung verbundene Wagen, wird vielleicht je nach der Art der Transporte verschieden zu entscheiden sein. Um sich mit der gegenwärtigen Voruntersuchung in den Grenzen des sicher Erreichbaren zu halten, sollen nach dem Vorgange amerikanischer, englischer, französischer Bahnen hier Drehgestellwagen von 40,0 t Nutzlast und 16,0 t Eigengewicht angenommen werden, die bei 4,33 t/m eine Länge von $\frac{56}{4,33}$ = rd. 13,0 m erhalten. Die Wagen werden nach dem Einbuffersystem mit selbsttätiger Kupplung zu erbauen und durchweg mit durchgehender Bremse auszurüsten sein.

C. Betriebsweise des geplanten Verkehrsmittels.

Mit der bezüglich der Betriebsweise zu entscheidenden Hauptfrage, ob elektrischer oder Dampfbetrieb, hängen andere Fragen, wie die der Zuggeschwindigkeit, Zugstärke, Zugsicherung usf. zusammen. Es ist nicht unwahrscheinlich, daß bei den zu erwartenden großen Transportmengen, die die Voraussetzung der ganzen Einrichtung bilden, der elektrische Betrieb sich vorteilhafter als der Dampfbetrieb erweisen wird. Da aber mit der wahrscheinlich in Frage kommenden Betriebsart des einphasigen Wechselstroms Erfahrungen aus einem Betrieb in größerem Umfange noch nicht vorliegen, so erscheint es ratsam, für diese vorläufige Untersuchung zunächst den Dampfbetrieb zugrunde zu legen. Ergibt sich hierbei die wirtschaftliche Ausführbarkeit der geplanten Einrichtung, so bleibt die Untersuchung, ob der elektrische Betrieb vorzuziehen, vorbehalten. Andernfalls würde besonders zu prüfen sein, ob mit elektrischem Betriebe sich das geplante Verkehrsmittel als wirtschaftlich berechtigt erweist.

Bei Wahl elektrischen Betriebes wird ferner zu entscheiden sein, ob man elektrische Lokomotiven verwendet oder einzelne Wagen als Motorwagen ausrüstet. Letzteres würde eine Ersparnis an zu befördernden toten Gewicht bedeuten, auch die Bildung kurzer Züge, soweit solche erwünscht sind, erleichtern, anderseits aber die Zugbildung schwieriger machen, auch wegen der Unterhaltung der Motorwagen, die im Güterverkehr einer rauhen Behandlung ausgesetzt sind, nicht unbedenklich sein.

Bei Verwendung kurzer Züge wird es in vielen Fällen leichter möglich sein, geschlossene Transportmengen ohne Umordnung vom Versand- zum Empfangsort durchzuführen. Anderseits werden, falls es auf die größtmögliche Ausnutzung der Leistungsfähigkeit der Bahn ankommt, lange Züge kurzen vorzuziehen sein, weil mit der Vermehrung und Verkürzung der Züge das Verhältnis der Zwischenräume zwischen den Zügen zu den von den Zügen besetzten Strecken wächst, selbst wenn man diese Zwischenräume bei kürzeren Zügen etwas kleiner bemißt. Je größer die Zahl der Züge, desto schwieriger wird es auch sein, einen regelmäßigen Betrieb aufrecht zu erhalten und zu vermeiden, daß stellenweise Stauungen und an anderen Stellen Lücken in der Zugfolge eintreten. Hierbei kommt in Frage, ob zur Regelung der Zugfolge Sicherungseinrichtungen (insbesondere Signale und Streckenblockung) erforderlich erscheinen.

Auch bei geringer Fahrgeschwindigkeit würde ein so dichter Betrieb, wie er für die hier geplante Güterbahn angenommen werden muß, sich ohne Regelung der Zugfolge schwerlich ordnungsmäßig durchführen lassen. Es liegt aber auch kein Grund vor, auf solche Sicherung zu verzichten, da die dafür aufzuwendenden Kosten nicht ins Gewicht fallen. Auch ist anzunehmen, daß die Aufsichtsbehörde solche Sicherung verlangen wird. Jedenfalls werden also für diese Vorermittlung die Kosten der Sicherung der Zugfolge in Rechnung zu ziehen sein. Dann kann immer noch vorbehalten bleiben, darauf zu verzichten, falls sie sich als entbehrlich herausstellen sollte.

Welche Fahrgeschwindigkeit man für die Güterbahn zu wählen haben wird, erscheint zweifelhaft. Die Erhöhung der Fahrgeschwindigkeit vergrößert nicht nur die Leistungsfähigkeit der Strecke, sie verbessert auch die Ausnutzung der Betriebsmittel und des Zugbegleitungspersonals, wobei auch der Umstand ins Gewicht fällt, daß die Sonntagsunterbrechung des Betriebes um so weniger schädlich wirkt, je schneller die Züge fahren. Es ist nämlich bei dem Betrieb m. E. davon auszugehen, daß ein Liegenbleiben der ganzen Züge zur Nachtzeit auf Unterwegsstationen (das zu mancherlei Unzuträglichkeiten führen würde) tunlichst nicht stattzufinden hat, vielmehr die Züge, unbeschadet der erforderlichen Betriebsaufenthalte, von der Anfangs- bis zur Zielstation glatt durchfahren. Wenn man alsdann anstrebt, daß die Züge tunlichst auch nicht über Sonntag liegen bleiben, so wird sich dies umso eher ohne längere Betriebsunterbrechung erreichen lassen, je schneller sie fahren. Falls z. B. die ganze Fahrtdauer nicht mehr als 12 Stunden beträgt, könnte der letzte Zug einer Woche am Sonnabend abend, der erste der folgenden Woche am Sonntag abend abfahren, so daß ohne Liegenbleiben der Züge unterwegs die für den Sonntag erforderliche Betriebsunterbrechung bei einem Ausfall von 24 Stunden zustande käme. Bei längeren Fahrstrecken wird immerhin auch die schnellere Fahrt der Züge es erleichtern, mit wenigen Übernachtungsstationen auszukommen.

Wie weit man hiernach mit der Zuggeschwindigkeit zu gehen hat, wird unter Berücksichtigung des Mehrverbrauchs an Kohlen, Wasser usw. bei Erhöhung der Geschwindigkeit besonders zu untersuchen sein. Für diese Untersuchung rechnet man jedenfalls nicht zu günstig, wenn man nur eine Grundgeschwindigkeit von 25 km zugrunde legt.

Ein Zerlegen, Umordnen und Neubilden der Züge unterwegs wird, wie schon oben ausgeführt, grundsätzlich zu vermeiden sein, d. h. es werden die Transporte tunlichst auf solche Güter besckränkt werden, die entweder von Anschlußgleisen oder eigenen Ladeanlagen schon als geschlossene Züge der Bahn zulaufen und in gleicher Weise die Bahn verlassen, oder aber in genügenden Mengen auf Zuführungslinien einzelnen Sammelbahnhöfen zuströmen und von Verteilungsbahnhöfen auseinanderströmen. Solche Sammel- und Verteilungsbahnhöfe werden hiernach an den Endpunkten der Bahn und auf wichtigen dazwischen liegenden Verkehrspunkten anzulegen sein. Sie werden aber tunlichst nicht Züge umzuordnen, sondern nur Züge aus dort der Bahn zugelaufenen Wagen zu bilden bezw. Züge am Endpunkte des auf der Bahn stattfindenden Wagenlaufs zu zerlegen haben.

In welcher Zahl und mit welchen Einrichtungen im übrigen Bahnhöfe unterwegs erforderlich sind, wird von der Betriebsweise abhängen. Bei Dampfbetrieb, wie er hier zunächst vorausgesetzt werden soll, wird man in gewissen Abständen Lokomotivwechselstationen und

Stationen zum Wasser- und Kohlennehmen gebrauchen. Auf diesen werden mehrere Gleise nötig sein, damit durch die Betriebsaufenthalte der Züge die folgenden Züge nicht auf der Strecke liegen bleiben, sondern auch in den betreffenden Bahnhof einfahren können. Im ganzen aber dürften sich diese Unterwegsbahnhöfe sehr einfach gestalten. Dagegen werden auf Knotenpunkts- und Anschlußstationen durchweg, also mehr, als auf den bestehenden Bahnen, schienenfreie Überführungen vorzusehen sein.

III. Versuchsweise Ermittlung der Betriebskosten.

A. Plan für die Berechnung.

Um zu prüfen, ob Aussicht vorhanden ist, durch das geplante Verkehrsmittel die beabsichtigten wirtschaftlichen Zwecke zu erreichen, empfiehlt es sich, zu versuchen, die Kosten zu ermitteln, die die Beförderung von 1 Tonne Gut auf verschiedene Entfernungen erfordern wird. Eine zutreffende Berechnung erscheint zunächst kaum ausführbar. Denn einmal sind die Baukosten der Bahn auf den verschiedenen Strecken sehr verschieden. Ferner wird auf verschiedenen Teilstrecken derselben Bahn ein verschieden starker Verkehr herrschen. Der Verkehr wird im Laufe des Jahres schwanken. Die Güter legen verschieden weite Wege zurück. Die Ausnutzung der Wagen für Rücktransporte wird verschieden sein. Es wird hiernach nicht möglich sein, die im ganzen entstehenden Kosten in zutreffender Weise auf die Einzeltransporte zu verteilen. Um sich der Lösung der Aufgabe zu nähern, soll daher unter vereinfachenden Annahmen versucht werden, die Kosten für eine Anzahl Grenzfälle zu berechnen, die so gewählt sind, daß angenommen werden kann, daß die wirklichen Kosten dazwischen liegen. In zweifelhaften Fällen sollen die Kosten lieber zu hoch, als zu niedrig gerechnet werden. Wo es nicht möglich ist, die Kosten unmittelbar zu ermitteln, sollen die erfahrungsmäßigen Kosten der preußisch-hessischen Staatsbahnen unter Berücksichtigung der geänderten Verkehrsverhältnisse als Rechnungsgrundlagen herangezogen werden. Hierdurch wird zugleich eine gewisse Gewähr geboten, daß nicht wesentliche Kostenanteile ganz unberücksichtigt bleiben.

Insbesondere soll folgendermaßen vorgegangen werden:

a) Es werden die Verhältnisse von drei Bahnen von 600, 400, 200 km Länge untersucht, wobei vorausgesetzt wird, daß die Transporte sich jedesmal über die ganze Länge dieser Bahnen erstrecken.

b) Die Rechnung wird einmal für 500 000 M., das andere Mal für 250 000 M. Anlagekosten der Bahn f. d. Kilometer durchgeführt. Bei Bemessung dieser beiden Grenzfälle ist von den erfahrungsmäßigen Anlagekosten deutscher Bahnen ausgegangen und es sind dabei zugleich die besonderen Verhältnisse der hier in Frage stehenden Bahnen in Betracht gezogen. Verteuernd wirken namentlich die Anwendung besonders starken Oberbaues, die grundsätzliche Vermeidung von Niveaukreuzungen mit Straßen und Wegen, die stärkere Konstruktion der Brücken, die Vermehrung des Grunderwerbs, weil durch Vermeidung der Niveaukreuzungen höhere und daher auch breitere Auf- und Abträge entstehen. Dagegen werden die Bahnhöfe sehr viel weniger zahlreich und wegen des einfacheren Betriebes und Fortfalls der Anlagen für den Personenverkehr erheblich billiger werden als die der bestehenden Bahnen. Da man mit der Trasse in vielen Fällen den Ortschaften sich nicht zu nähern braucht, wird der Grunderwerb vielfach zu billigen Einheitspreisen erfolgen können. Da man mit der Trasse freier ist, wird man damit häufig günstigeres Gelände aufsuchen können, daher auch die Wege-Unter- und -Überführungen bequemer anordnen können und an Erdarbeiten und Grunderwerb sparen. Zur Verzinsung und Tilgung erscheinen hier $4^1/_2$ % reichlich genügend, da außerdem die Unterhaltungs- und Erneuerungskosten der Anlagen berechnet werden (s. unter l), so daß also eine Tilgung hier nicht nach Maßgabe der Abnutzung, sondern nur insoweit erforderlich ist, als man damit rechnen muß, daß nach längerer Zeit einmal die ganze Bahnanlage entbehrlich wird, oder daß ganze Teile der Bahnanlage beseitigt werden müssen.

c) Es werden (vergl. oben) Wagen von 40 t Nutzlast und 16 t Eigengewicht vorausgesetzt, und es wird angenommen, daß diese Wagen sämtlich in einer Richtung beladen, in der anderen leer verkehren. Solche Ausnutzung von 50 % dürfte nicht zu günstig gerechnet sein, da auf den deutschen Staatsbahnen (nach der Reichseisenbahnstatistik) die durchschnittliche Ausnutzung rund 45 % beträgt, trotz der wesentlich ungünstigeren Verhältnisse. (Ungleichmäßiger, vielfach zersplitterter Verkehr. Die schwach ausgenutzten Stückgutwagen sind mit einbegriffen.)

d) Es wird Lokomotivbetrieb mit Zügen von 50 Wagen (wie vor) angenommen.

e) Die Grundgeschwindigkeit der Züge wird zu 25 km/Stunde angenommen.

f) Die Lokomotiven fahren bei doppelter Besetzung zweimal täglich je 100 km hin und zurück (im ganzen 400 km), die Lokomotivpersonale einmal täglich je 100 km hin und zurück, was bei der angenommenen Geschwindigkeit und den erforderlichen Aufenthalten und Wendezeiten etwa einem zehnstündigen Dienst entspricht. Die Lokomotivstationen sind hiernach (abgesehen von Reservelokomotiven) alle 200 km erforderlich. Dazwischen werden alle 50 km Lokomotivversorgungsstationen angenommen.

g) Es wird angenommen, daß bei dichtester Zugfolge in der Stunde in jeder Richtung 10 Züge verkehren können. Dies erscheint bei Vorhandensein einer Streckenblockung wohl ausführbar, da bei 25 km Geschwindigkeit der Zugabstand von Lokomotive zu Lokomotive 2500 m beträgt, also bei rd. 700 m Zuglänge der Zwischenraum zwischen zwei Zügen reichlich doppelt so groß ist, wie die Zuglänge. Es wird ferner ein ununterbrochener 20 stündiger Betrieb angenommen, so daß eine Pause von 4 Stunden für die Bahnunterhaltung bleibt, die nicht überall zur gleichen Tageszeit liegt, vielmehr sich über die Strecke verschiebt. Dem Betriebsausfall an Sonn- und Festtagen wird dadurch Rechnung getragen, daß ein 300 tägiger Betrieb vorausgesetzt wird.

Alsdann beträgt die höchste denkbare Leistungsfähigkeit der Bahn unter Berücksichtigung des Umstandes, daß alle Züge in einer Richtung leer fahren, und daß ein voller Zug 50 . 40 = 2000 t befördert:

täglich: 20 . 10 . 2000 = 400 000 t,
jährlich: 300 . 400 000 = 120 000 000 t.

Die Rechnung wird durchgeführt für die 4 Fälle einer Beförderungsmenge in einer Richtung von

$$\left.\begin{array}{r}120\\80\\40\\10\end{array}\right\}\text{ Millionen Tonnen,}$$

während in der anderen Richtung alle Züge leer fahren.

h) Die Kosten für Unterhaltung und Ausbesserung der Lokomotiven und Wagen sollen nach den geleisteten Kilometern berechnet werden, also im geraden Verhältnis zur Transportweite. Dagegen soll bei der Verzinsung und Tilgung der Beschaffungskosten der Lokomotiven und Wagen einmal mit gleichmäßigem Verkehr, das andere Mal mit 100 % Verkehrsschwankung gerechnet werden. Im letzteren Falle sind 33⅓ % mehr Lokomotiven und Wagen erforderlich, als der für die Ermittlung der sonstigen Kosten zugrunde gelegten Durchschnittsleistung bei gleichmäßigem Verkehr entsprechen würde. Für den erforderlichen Wagenbestand ist außerdem von Bedeutung, welche Zeit für die Be- und Entladung der Wagen einschließlich Zu- und Abführung nach und von den Lade- bezw. Entladestellen erforderlich ist. Hier soll einmal mit einem Zeitaufwand von 8 Stunden, einmal mit einem solchen von 72 Stunden gerechnet werden.

i) In Verbindung mit dem Wasser- und Kohlenverbrauch der Lokomotiven soll nicht nur deren Verbrauch an Schmiermaterialien, sondern der gesamte Verbrauch an Betriebsmaterialien, ausschließlich Kohlen, Koks, Briketts berechnet werden, und zwar nach dem Verhältnis der geleisteten Wagenachskilometer zu denen der preußisch-hessischen Staatsbahnen. Da viele Betriebsmaterialien außerhalb des eigentlichen Zugdienstes, z. B. zur Beleuchtung und Reinigung der Bureaus, zur Beleuchtung der Bahnhöfe usw. verbraucht werden, so ist bei der Verschiedenheit der Verhältnisse der geplanten Bahn eine auch nur annähernde Schätzung des wirklichen Verbrauchs unmöglich. Die Berechnung nach den Wagenachskilometern ergibt jedenfalls zu große Beträge, weil infolge der im Verhältnis zu den Wagenachskilometern viel kleineren Zahl an Lokomotivkilometern weniger Schmiermaterial verbraucht wird, namentlich aber, weil die ganzen Einrichtungen der geplanten Bahn viel einfacher sein werden, als die der preußisch-hessischen Staatsbahnen. Zweifellos wird also in dieser Weise reichlich sicher gerechnet.

k) Ähnliche Erwägungen sind dafür maßgebend, die Unterhaltung und Ergänzung der Inventarien, sowie die Beschaffung von Drucksachen, Schreib- und Zeichenmaterialien nach dem Verhältnis der Achskilometer zu berechnen. Doch erscheint es hier angemessen, in Anbetracht der viel einfacheren Verhältnisse (Fortfall zahlreicher Bureau- und Personenwageninventarien, sehr viel geringerer Umfang der Drucksachen und des Schreibwerks usf.) nur ein Drittel des im Verhältnis zu den preußisch-hessischen Staatsbahnen sich ergebenden Betrages in Rechnung zu stellen.

l) Besonders schwierig ist es, die Unterhaltung und Erneuerung der baulichen Anlagen bei dem großen Verkehr zutreffend zu schätzen. Die gemachten Annahmen dürften aber ausreichen.

m) Alle Gehälter werden nach Maßgabe der bei den preußisch-hessischen Staatsbahnen bestehenden Durchschnittsgehälter nebst durchschnittlichem Wohnungsgeldzuschuß angesetzt, zuzüglich 15 %, um hierdurch die Ausgaben für Pensionen und sonstige Wohlfahrtsausgaben mit zu berücksichtigen.

Im übrigen sind die bei der Berechnung gemachten Annahmen an Ort und Stelle erläutert.

Nach vorstehenden Ausführungen hat die Berechnung der Beförderungskosten von 1 t auf die ganze Bahnlänge für folgende Fälle zu geschehen:

A. Für 3 Bahnlängen von 600, 400, 200 km.

B. Für 500000 Mk. und 250000 Mk. Anlagekosten f. d. Kilometer Bahn.

C. Für 120, 80, 40, 10 Millionen Tonnen jährliche Verkehrsmenge.

D. Für gleichmäßigen und um 100 % schwankenden Verkehr.

E. Für 8 und 72 Stunden Zeitaufwand für Be- und Entladung.

Hiernach ergeben sich im ganzen: 3 . 2 . 4 . 2 . 2 = 96 Fälle.

Die nachstehende Berechnung gliedert sich in die Ermittlung folgender Kostenanteile:

3 Zahlengruppen für die 3 Transportlängen.

1. Beförderungskosten einschließlich anderer Kosten, die im geraden Verhältnis zu den Beförderungsleistungen stehen, und zwar:

a) Verbrauch an Kohlen, Wasser und Betriebsmaterialien.

b) Lokomotivmannschaften, einschließlich der Mannschaften für Versorgung der Lokomotiven.

c) Zugmannschaften.

d) Unterhaltung und Ausbesserung der Lokomotiven.

e) Unterhaltung und Ausbesserung der Wagen.

f) Unterhaltung und Ergänzung der Inventarien usw.

1 Zahl für alle Fälle gleich.

2. Rangierkosten (d. h. Lokomotivkraft, Personalkosten und Beleuchtungskosten der Bahnhöfe usf.).

4 . 3 = 12 Zahlen, für 2 . 2 = 4 Fälle der Wagenausnutzung und 3 Transportlängen.	3. Verzinsung und Tilgung der Beschaffungskosten der Wagen.
2 . 3 = 6 Zahlen für 2 Fälle der Lokomotivausnutzung und 3 Transportlängen.	4. Verzinsung und Tilgung der Beschaffungskosten der Lokomotiven.
4 . 3 . 2 = 24 Zahlen.	5. Verzinsung und Tilgung der Baukosten. Fester Satz, dividiert durch die Transportmenge (4 Fälle), abhängig auch von der Transportweite (3 Fälle) und von den Einheitskosten für das Kilometer (2 Fälle).
4 . 3 = 12 Zahlen.	6. Stationskosten und Streckenbewachungskosten ausschließlich Signalbedienung und Lokomotivbedienung (unter 8 bezw. 1 b berücksichtigt). Fester Satz, dividiert durch die Transportmenge (4 Fälle), abhängig auch von der Transportweite (3 Fälle).
4 . 3 = 12 Zahlen.	7. Unterhaltung und Erneuerung der baulichen Anlagen. (Gerechnet 4 Zahlen für das Kilometer für die vier Transportmengen, außerdem abhängig von der Bahnlänge).
4 . 3 = 12 Zahlen.	8. Bedienung der Signale und Blockeinrichtungen. (Gerechnet 4 Zahlen für die 4 Transportmengen, außerdem abhängig von der Bahnlänge).

Die Ergebnisse der nachstehenden Berechnung werden alsdann in 3 Tabellen (Anlage 1—3 dieser Vorstudie), je eine für 600, 400, 200 km Bahnlänge, zusammengestellt, deren letzte Spalte die 96 verschiedenen Zahlen für die Beförderungskosten von 1 t über die ganze Bahnlänge enthält. Nicht berücksichtigt in dieser Berechnung sind Staats- und Kommunalsteuern, Haftpflichtentschädigungen, Ersatzleistungen und sonstige Entschädigungen, Kosten der allgemeinen Verwaltung ausschließlich Papier, Drucksachen usf., besondere Kosten für Zu- und Abführung, Be- und Entladung der Wagen, Abfertigungskosten. In betreff aller dieser Kosten sind zutreffende Einzelschätzungen bei der Verschiedenartigkeit der Verhältnisse des geplanten Verkehrsmittels im Vergleich zu unseren bestehenden Bahnen schwer möglich. Es empfiehlt sich daher, bei der Beurteilung des Schlußergebnisses im ganzen zu berücksichtigen, daß für vorstehend aufgeführte Kosten noch ein Zuschlag zu machen ist, der indessen nur einen verhältnismäßig kleinen Bruchteil der übrigen Kosten ausmachen kann.

B. Ausführung der Berechnung.

1. Beförderungskosten einschließlich anderer Kosten, die in geradem Verhältnis zu den Beförderungsleistungen stehen.

a) Kohlen, Wasser und Betriebsmaterialien.

Der Widerstand für die Tonne Zuggewicht beträgt nach üblicher Annahme:

$$w = 2{,}4 + \frac{V^2}{1300} + s, \text{ d. h. bei } V = 25 \text{ km},$$

$$w = 2{,}4 + \frac{625}{1300} + s = 2{,}4 + 0{,}48 + s.$$

s werde für den Kohlenverbrauch durchschnittlich = 2 angenommen, was sehr reichlich erscheint, da Neigungen doch nur auf einem Bruchteil der ganzen Strecken vorhanden sind, zumal auf einer Flachlandbahn auch Steigungen und innerhalb der Bremsneigung bleibende Gefälle sich großenteils ausgleichen.

Dann $w = 2{,}4 + 0{,}48 + 2 = \text{rd. } 5$.

Der Zug besteht (s. oben) durchweg aus 50 Wagen zu 40 t und von 16 t Eigengewicht und verkehrt in einer Richtung stets voll, in der anderen stets leer. Die Lokomotive wiegt im Betriebszustande 150 t*). Dann sind die Gewichte eines Zugpaares:

Voller Zug $50 . 56 + 150 = 2950$ t,
Leerer Zug $50 . 16 + 150 = 950$ t

und die Widerstände:

Voller Zug $w = 2950 . 5 = 14\,750$ kg,
Leerer Zug $w = 950 . 5 = 4\,750$ kg.

*) Bei genauerer Ermittlung hat sich herausgestellt, daß das Betriebsgewicht von 150 t nur ausreicht, wenn Tenderlokomotiven verwendet werden, deren Bauart hier auf Schwierigkeiten stoßen dürfte. In der Denkschrift (S. 51) sind daher Lokomotiven von 200 t Betriebsgewicht (einschl. Tender) angenommen.

Die Leistung für einen Zug stellt sich hiernach:

Voller Zug:	**Bei 600 km**	**Bei 400 kg**	**Bei 200 km**
14 750. (600 oder 400 oder 200)	8 850 000 kgkm	5 900 000 kgkm	2 950 000 kgkm
Leerer Zug:			
4750. (600 oder 400 oder 200)	2 850 000 kgkm	1 900 000 kgkm	950 000 kgkm

Zu dieser Leistung tritt auf alle 50 km die Anfahrarbeit, also bei 600 km 12 mal, bei 400 km 8 mal, bei 200 km 4 mal. Es ist annähernd die Anfahrarbeit:

$$A = \frac{4 \,.\, V^2 \,.\, G}{1000} \text{ in mt oder kgkm,}$$

wobei G das Zuggewicht.

Also ist im Einzelfalle:

$$\text{für den vollen Zug: } A' = \frac{4 \,.\, 25^2 \,.\, 2950}{1000} = 7375 \text{ kgkm,}$$

$$\text{für den leeren Zug: } A'' = \frac{4 \,.\, 25^2 \,.\, 950}{1000} = 2375 \text{ kgkm}$$

$$\text{zusammen für beide Züge } A = 9750 \text{ kgkm}$$

oder für die ganze Strecke:

Bei 600 km	**Bei 400 km**	**Bei 200 km**
12 . 9750 = 117 000 kgkm	8 . 9750 = 78 000 kgkm	4 . 9750 = 39 000 kgkm

Die Gesamtleistung für beide Gegenzüge zusammen wird hiernach:

Bei 600 km	**Bei 400 km**	**Bei 200 km**
8 850 000	5 900 000	2 950 000
2 850 000	1 900 000	950 000
117 000	78 000	39 000
11 817 000 kgkm	7 878 000 kgkm	3 939 000 kgkm

Für 1000 kgkm kann man bei Verwendung von Verbundlokomotiven und der hier in Frage kommenden Geschwindigkeit sowie bei Verwendung besonders für diesen Zweck gebauter Lokomotiven nach Eisenbahntechnik der Gegenwart 2. Aufl., Bd. I, S. 83 als Verbrauch rechnen:

4 kg Kohle und 32 kg Wasser.

Hiernach ergibt sich ein Verbrauch für das Zugpaar:

	Bei 600 km	Bei 400 km	Bei 200 km
	47,268 t Kohle	31,512 t Kohle	15,756 t Kohle
	378,144 cbm Wasser	252,096 cbm Wasser	126,048 cbm Wasser
Hierzu für Anheizen Kohle	rd. 1800 kg	rd. 1200 kg	rd. 600 kg
Für sonstig. Verbrauch, zur Abrundung	932 kg	621 kg	311 kg
Gesamtkohlenverbrauch. .	50,00 t	33,33 t	16,67 t
Gesamtwasserverbrauch einschl. Abrundung . . .	390 cbm	260 cbm	130 cbm

Bei einem Preise von 12,0 Mk.*) f. d. Tonne Kohlen und 0,10 Mk. f. d. Kubikmeter Wasser ergeben sich hiernach:

	Bei 600 km	Bei 400 km	Bei 200 km
Für Kohlen	50 . 12 = 600 Mk.	33,33 . 12 = 400 Mk.	16,67 . 12 = 200 Mk.
Für Wasser.	390 . 0,10 = 39 Mk.	260 . 0,10 = 26 Mk.	130 . 0,10 = 13 Mk.

In Verbindung mit dem Wasser- und Kohlenverbrauch soll nicht nur der Verbrauch an Schmiermaterialien für die Lokomotiven, sondern der gesamte Verbrauch an Betriebsmaterialien ausschließlich Kohlen, Koks, Briketts nach Verhältnis der Wagenachskilometer zu denen der preußisch-hessischen Staatsbahnen berechnet werden (Begründung s. oben S. 111).

Es sind auf den preußisch-hessischen Staatsbahnen verbraucht worden an solchen Betriebsmaterialien:

1904: 20 442 553 Mk. auf
15 262 569 078 Wagenachskilometer
oder rd. 1,34 Mk. auf 1000 Wagenachskilometer.

1903: 18 921 469 Mk. auf
14 395 838 305 Wagenachskilometer
oder rd. 1,31 Mk. auf 1000 Wagenachskilometer.

*) Dieser Preis war 1906 bei einem Beschaffungspreise von rd. 10,0 Mk. angemessen.

1902: 17 232 432 Mk. auf
13 478 217 275 Wagenachskilometer
oder rd. 1,28 Mk. auf 1000 Wagenachskilometer.

1901: 17 983 242 Mk. auf
12 875 904 837 Wagenachskilometer
oder rd. 1,40 Mk. auf 1000 Wagenachskilometer.

Rechnet man rd. 1,40 Mk. auf
1000 Wagenachskilometer,
so erfordert ein Zugpaar von 4 . 50 = 200 Achsen für Betriebsmaterialien:

Bei 600 km	**Bei 400 km**	**Bei 200 km**
$\frac{2 . 600 . 200 . 1{,}40}{1000} =$	$\frac{2 . 400 . 200 . 1{,}40}{1000} =$	$\frac{2 . 200 . 200 . 1{,}40}{1000} =$
336 Mk.	224 Mk.	112 Mk.

Im ganzen ergeben sich hiernach für Kohlen, Wasser und Betriebsmaterialien folgende Aufwendungen für ein Zugpaar:

	Bei 600 km	**Bei 400 km**	**Bei 200 km**
Kohlen	600 Mk.	400 Mk.	200 Mk.
Wasser	39 Mk.	26 Mk.	13 Mk.
Betriebsmaterialien .	336 Mk.	224 Mk.	112 Mk.
zusammen . . .	975 Mk.	650 Mk.	325 Mk.

oder bei beförderten 50 . 40 = 2000 t für die beförderte Tonne

0,488 Mk.	0,325 Mk.	0,163 Mk.

b) Lokomotivmannschaften, einschließlich der Mannschaften für Versorgung der Lokomotiven.

Es wird angenommen, daß nach je 100 km die Lokomotive umkehrt, und daß bei zweimaliger Besetzung jedes Personal eine Hin- und Rückfahrt von 100 + 100 km oder 8 Stunden, plus Zeitverluste für Anfahren und Bremsen, plus Aufenthalte und Kehrzeit, d. h. rd. 10 Stunden zu leisten hat.

Zur Förderung des Zugpaares sind hiernach erforderlich:

Bei 600 km	**Bei 400 km**	**Bei 200 km**
6 Personale	4 Personale	2 Personale.

Es wird angenommen, daß für die großen Lokomotiven wie sie hier in Aussicht genommen sind, zur Bedienung 3 Mann erforderlich sind,

d. h. 1 Lokomotivführer und 2 Heizer. Das Gehalt eines Personals beträgt im Durchschnitt mit 15 % Zuschlag (s. S. 111) $(2027 + 2 \,.\, 1376) \,.\, 1{,}15$ $=$ rd. 5500 Mk., d. h. bei 300 Diensttagen für den Tag $\frac{5500}{300} = 18{,}33$ Mk. Hierzu treten Kilometergelder, Prämien und Nachtgelder. Erstere betragen für 200 km für 1 Personal $\frac{200 \,.\, 25}{10}$ Pf. $= 5{,}00$ Mk., letztere $\frac{200 \,.\, 16{,}5}{10}$ Pf. $= 3{,}30$ Mk., zusammen 8,30 Mk. Nachtgelder werden nur in wenigen Fällen zu zahlen sein, da die Lokomotivpersonale in der Regel durch ihre Tour zur Heimatstation zurückgeführt werden. Es dürfte daher genügen, im Durchschnitt hierfür 0,37 Mk. zu rechnen. Dann betragen die Ausgaben für die Lokomotivpersonale:

Bei 600 km	Bei 400 km	Bei 200 km
$6 \,.\, (18{,}33 + 8{,}30 + 0{,}37)$	$4 \,.\, (18{,}33 + 8{,}30 + 0{,}37)$	$2 \,.\, (18{,}33 + 8{,}30 + 0{,}37)$
$= 162$ Mk.	$= 108$ Mk.	$= 54$ Mk.

Mit Rücksicht auf die bei Versorgung der Lokomotiven in den Schuppen tätigen Leute sowie auf Bereitschaftsdienst und auf die bei starkem Verkehr mehr erforderlichen Mannschaften, soweit sie bei schwachem Verkehr nicht genügend in den Werkstätten usw. ausgenutzt werden, abzurunden auf:

210 Mk.	140 Mk.	70 Mk.

Hiernach entfallen an Kosten für Lokomotivmannschaften für die Tonne Ladung:

Bei 600 km	Bei 400 km	Bei 200 km
$\frac{210}{2000} = 0{,}105$ Mk.	$\frac{140}{2000} = 0{,}070$ Mk.	$\frac{70}{2000} = 0{,}035$ Mk.

c) Zugmannschaften.

Es wird angenommen, daß jeder Zug von 1 Zugführer (technischer) und 2 Schmierern begleitet wird (womit auch bei Störung der durchgehenden Bremse eine genügende Bremsbesetzung erzielt wird), die an Gehalt und Wohnungsgeld mit 15 % Zuschlag etwa 4800 Mk. oder für den Tag $\frac{4800}{300} = 16$ Mk. beziehen. Rechnet man (sehr ungünstig) dieselbe Dienstzeit, wie bei den Lokomotivpersonalen, aber dafür ohne Zuschlag für Nachtgelder, so ergeben sich für ein Zugpaar:

Bei 600 km	Bei 400 km	Bei 200 km
$6 \,.\, 16 = 96$ Mk.	$4 \,.\, 16 = 64$ Mk.	$2 \,.\, 16 = 32$ Mk.

Hierzu an Kilometergeldern nach den preußischen Sätzen:

$$\frac{0{,}21 \, . \, 1200}{10} = 25{,}20 \text{ Mk.} \quad \frac{0{,}21 \, . \, 800}{10} = 16{,}80 \text{ Mk.} \quad \frac{0{,}21 \, . \, 400}{10} = 8{,}40 \text{ Mk.}$$

Daher betragen die Kosten der Zugmannschaften für ein Zugpaar im ganzen

121,20 Mk. 80,80 Mk. 40,40 Mk.

und für die Tonne Ladung:

$$\frac{121{,}20}{2000} = 0{,}061 \text{ Mk.} \quad \frac{80{,}80}{2000} = 0{,}040 \text{ Mk.} \quad \frac{40{,}40}{2000} = 0{,}020 \text{ Mk.}$$

Hierzu 20 % Zuschlag für die bei starkem Verkehr mehr erforderlichen Mannschaften, soweit sie nicht bei schwachem Verkehr im Bahnerhaltungsdienst und dergl. ausreichend Verwendung finden:

0,073 Mk. 0,048 Mk. 0,024 Mk.

d) Unterhaltung und Ausbesserung der Lokomotiven.

Auf den preußisch-hessischen Staatsbahnen hat die gewöhnliche Unterhaltung der Lokomotiven und Tender gekostet:

1904 rd. 43 Millionen Mark

bei einem Wert der Lokomotiven von rd. 652,3 Millionen Mark oder $\frac{1}{15{,}2}$ des Werts bei rd. 44 000 km durchschnittlichen Leistungen einer Lokomotive.

Im vorliegenden Falle wird der Wert einer Lokomotive zu 130 000 Mk. angenommen. Auf Zug und Gegenzug entfallen bei den drei Transportweiten an Lokomotivkilometern:

1200 800 400,

mithin an Unterhaltungs- und Reparaturkosten:

$$\frac{1\,200}{44\,000} \cdot \frac{130\,000}{15{,}2} \quad \frac{800}{44\,000} \cdot \frac{130\,000}{15{,}2} \quad \frac{400}{44\,000} \cdot \frac{130\,000}{15{,}2}.$$

Hiervon entfällt auf die beförderte Tonne $^1/_{2000}$, d. h.

0,117 Mk. 0,078 Mk. 0,039 Mk.

e) Unterhaltung und Ausbesserung der Wagen.

Auf den preußisch-hessischen Staatsbahnen sind 1904 ausgegeben 30 625 524 Mk. für Unterhaltung der Gepäck-, Güter- usw. Wagen, deren Wert durchschnittlich rd. 875 Millionen Mark betragen hat, d. h. rd. 0,035 der Beschaffungskosten. Dabei hat jeder Wagen durchschnittlich rd. 17 900 km geleistet. Danach sind auf 1000 km eines der hier in Rede stehenden Wagen von 9000 Mk. Beschaffungskosten zu verausgaben:

$$\frac{0{,}035 \,.\, 9000 \,.\, 1000}{17\,900} = 17{,}60 \text{ Mk.},$$

d. h. für eine Doppelreise in Zug und Gegenzug

	Bei 600 km	**Bei 400 km**	**Bei 200 km**
	$17{,}60 \,.\, \frac{1200}{1000}$	$17{,}60 \,.\, \frac{800}{1000}$	$17{,}60 \,.\, \frac{400}{1000}$
oder	21,12 Mk.	14,08 Mk.	7,04 Mk.

und für die beförderte Tonne, bei im ganzen beförderten 40 Tonnen

0,528 Mk.	0,352 Mk.	0,176 Mk.

Diese Rechnung nach den Ausbesserungskosten der Wagen der preußisch-hessischen Staatsbahnen erscheint zulässig, trotz der mehr maschinellen Einrichtung der hier in Frage kommenden Wagen, weil

1. bei der geringeren Zahl der Rangierbewegungen und den überall vorhandenen Bremsen weniger Rangierbeschädigungen zu erwarten sind;
2. die Wagen nicht auf fremde Bahnen übergehen;
3. die Abnutzung durch die Witterung sich nicht im Verhältnis der stärkeren Benutzung erhöht;
4. die Wagen durchgängig auf guten Gleisen laufen, wenig Weichen befahren und durchschnittlich langsamer fahren als auf den preußisch-hessischen Staatsbahnen.

f) Die Unterhaltung und Ergänzung der Inventarien

sowie Beschaffung von Drucksachen, Schreib- und Zeichenmaterialien soll nach dem Verhältnis der Achskilometer zu dem der preußisch-hessischen Staatsbahnen jedoch nur zu $^1/_3$ des Betrages gerechnet werden (Begründung s. oben S. 111). Hiernach entfallen auf die 1904 geleisteten 15 263 Millionen Wagenachskilometer

$$\begin{array}{r} 8\,843\,239 \\ +\ 6\,346\,647 \\ \hline \end{array}$$

zusammen 15 189 886 Mk., oder rd. auf 1000 Achskilometer 1,0 Mk. Danach sind hier für Zug und Gegenzug zu rechnen, bei 50 Wagen zu 4 Achsen:

Bei 600 km	Bei 400 km	Bei 200 km
$\frac{50 \cdot 4 \cdot 1200 \cdot 1{,}0}{1000 \cdot 3}$	$\frac{50 \cdot 4 \cdot 800 \cdot 1{,}0}{1000 \cdot 3}$	$\frac{50 \cdot 4 \cdot 400 \cdot 1{,}0}{1000 \cdot 3}$
= 80,00 Mk.	53,33 Mk.	26,67 Mk.

oder für die beförderte Tonne, bei im ganzen beförderten 2000 Tonnen

0,04 Mk.	0,027 Mk.	0,013 Mk.

2. Rangierkosten.

Es wird angenommen, daß jeder Wagen auf jeder Fahrt zweimal zu rangieren ist, und zwar einmal auf dem Anfangs- und einmal auf dem Endbahnhof, und daß jedesmal hierfür 0,50 Mk. Kosten entstehen. Oder berechnet hierfür bei gewöhnlichen Wagen, sofern nicht nach Stationen rangiert wird, den Betrag von ca. 0,32—0,69 Mk., durchschnittlich rd. 0,50 Mk., worin Kosten für Stellung der Lokomotiven, Kosten für Personal und Beleuchtung der Bahnhöfe, Unterhaltung der Wagen und Hemmschuhe. Danach erscheint die Annahme von 0,50 Mk. für den großen Wagen um so mehr reichlich, als die Unterhaltungskosten der Wagen schon anderweit berechnet sind, und als man annehmen kann, daß viele Wagen im Massenverkehr die Endbahnhöfe, ohne rangiert zu werden, in geschlossenen Zügen durchlaufen werden.

Dann ergeben sich für jeden Wagen bei Fahrt in Zug und Gegenzug vier Rangierungen zu 0,50 Mk., d. h. 2,0 Mk., also für die Tonne Nutzlast $\frac{2{,}00}{40} = 0{,}05$ Mk. in allen Fällen.

3. Verzinsung und Tilgung der Beschaffungskosten der Wagen.

Da die Züge mit 25 km Geschwindigkeit verkehren sollen und alle 50 km ein (einschl. Anfahren und Bremsen auf 10 Minuten zu schätzender) Aufenthalt stattfinden soll, so gebraucht ein Wagen im Hin- und Rücklauf zusammen, ohne die Aufenthalte auf den Endstationen und auf den Anschlußgleisen:

Bei 600 km	Bei 400 km	Bei 200 km
52 Stunden	34 Stunden 40 Min.	17 Stunden 20 Min.

Für den hinzutretenden Zeitaufwand für Rangieren der Wagen, Bewegung von und nach den Anschlußgleisen sowie Be- und Entladung sollen als günstigster Fall zusammen 8 Stunden gerechnet werden (bei unverändert durchlaufenden Zügen), als ungünstigster Fall 3 Tage = 72 Stunden (vergl. S. 111).

Dann ergeben sich im günstigsten Falle die Zeitaufwände eines Wagens für Hin- und Rücklauf:

	Bei 600 km	**Bei 400 km**	**Bei 200 km**
zu	60 Stunden	42 Stunden 40 Min.	25 Stunden 20 Min.

Hierzu ein Zuschlag von 10 % für Reparaturstand ergibt den rechnungsmäßigen Zeitaufwand zu

66 Stunden	47 Stunden	28 Stunden.

Die diesem günstigsten Zeitaufwand entsprechend zu ermittelnde Wagenanzahl genügt nur, wenn der Verkehr fast ganz gleichmäßig ist, so daß man dem in geringem Maße schwankenden Wagenbedarf durch geeignete Wahl der Zeiten für Ausbesserung und Untersuchung der Wagen sich anpassen kann. Finden Verkehrsschwankungen in dem Maße statt, daß der schwächste Verkehr die Hälfte des stärksten ist, und verteilen sich diese Schwankungen gleichmäßig auf das Jahr, dann sind beim stärksten Verkehr 33 1/3 % mehr Wagen erforderlich, als wenn sich derselbe jährliche Gesamtverkehr gleichmäßig über das ganze Jahr verteilen würde. Einen dem entsprechenden Zuschlag zu den Kosten zu rechnen, was unten geschehen soll, ist besonders reichlich, weil man die Ausbesserungen und Untersuchungen hauptsächlich in die verkehrsschwachen Zeiten verlegen kann.

Im ungünstigsten Falle, d. h. bei 3 Tagen für Zustellen, Rangieren, Be- und Entladen ergeben sich als Zeitbedarf eines Wagens für Hin- und Rücklauf zusammen usf.

Bei 600 km	**Bei 400 km**	**Bei 200 km**
52 + 72 = 124 Std.	34 Std. 40 Min. + 72 Std. = 106 Std. 40 Min.	17 Std. 20 Min. + 72 Std. = 89 Std. 20 Min.

Hierzu 10 % für Reparaturstand ergibt bei ungünstigstem Zeitaufwand für Laden, Entladen, Rangieren usw. als Gesamtzeitaufwand:

137 Stunden	117 Stunden	98 Stunden.

Für starke Verkehrsschwankungen gilt dasselbe wie oben.

Der Preis eines Wagens von 40 t Ladefähigkeit mit durchgehender Bremse wird angenommen zu 9000 Mk. Für Verzinsung und Tilgung werden zusammen 8 % gerechnet, d. h. jährlich 720 Mk., oder für die

Arbeitsstunde $\frac{720}{300 . 24} = {}^1/_{10}$ Mk., daher für die beförderte Tonne Nutzlast für die Arbeitsstunde $\frac{1}{10 . 40} = {}^1/_{400}$ Mk.

Hiernach ergibt sich in den beiden obigen Fällen der Wagenausnutzung, ferner ohne und mit Annahme von 100 % Verkehrsschwankungen, und für die drei Beförderungsweiten folgender Aufwand an Wagenverzinsungs- und Abschreibungskosten für die beförderte 1 t: (Kosten der Arbeitsstunde für die Tonne mal Zeitbedarf für einen Hin- und Rücklauf und bei 100 % Verkehrsschwankungen außerdem mit 33 $^1/_3$ % Zuschlag)

	Bei 600 km Mk.	Bei 400 km Mk.	Bei 200 km Mk.
1. 8 Stunden Be- und Entlade- usw. Aufwand, gleichmäßiger Verkehr	0,165	0,118	0,070
2. 8 Stunden Be- und Entlade- usw. Aufwand, 100 % Verkehrsschwankungen (daher 33 $^1/_3$ % Mehrkosten)	0,220	0,157	0,093
3. 72 Stunden Be- und Entlade- usw. Aufwand, gleichmäßiger Verkehr	0,343	0,293	0,245
4. 72 Stunden Be- und Entlade- usw. Aufwand, 100 % Verkehrsschwankungen (daher 33 $^1/_3$ % Mehrkosten)	0,457	0,391	0,327

4. Verzinsung und Tilgung der Beschaffungskosten der Lokomotiven.

Bei 130 000 Mk. Beschaffungskosten einer Lokomotive kosten Verzinsung und Abschreibung, zusammen zu 10 % gerechnet, jährlich 13 000 Mk., oder täglich $\frac{13\,000}{300} = 43{,}33$ Mk.

Erforderlich sind für Zug und Gegenzug zusammen bei 400 km Tagesleistung einer Lokomotive

Bei 600 km	**Bei 400 km**	**Bei 200 km**
3 Lokomotiven = 130,00 Mk.	2 Lokomotiven = 86,67 Mk.	1 Lokomotive = 43,33 Mk.

und zuzüglich 25 % für Reparaturstand und Bereitschaftsdienst:

162,50 Mk.	108,33 Mk.	54,16 Mk.

Bei 100 % Verkehrsschwankung sind (reichlich gerechnet, weil man Ausbesserungen und Revisionen in die Zeiten schwachen Verkehrs verlegen kann) $33\,^1/_3$ % mehr Lokomotiven erforderlich, d. h. es betragen die Verzinsungs- und Abschreibungskosten für Zug- und Gegenzug zusammen:

216,67 Mk.	144,44 Mk.	72,22 Mk.

Hiervon sind die Kosten für die beförderte Tonne $^1/_{2000}$, d. h. bei gleichmäßigem Verkehr:

0,082 Mk.	0,054 Mk.	0,027 Mk.

und bei 100 % Verkehrsschwankung:

0,108 Mk.	0,072 Mk.	0,036 Mk.

5. Verzinsung und Tilgung der Baukosten.

Es werden (vergl. S. 109) zwei verschiedene Preise für bauliche Herstellung einschließlich Grunderwerb vorausgesetzt, und zwar 250 000 Mk. und 500 000 Mk. f. d. Kilometer und ein Satz von $4\,^1/_2$ % für Verzinsung und Tilgung zusammen, also jährlich bei den drei Transportweiten

	Bei 600 km	Bei 400 km	Bei 200 km
Bei 500 000 Mk./km Baukosten	$\frac{600 \,.\, 500\,000 \,.\, 4{,}5}{100}$ = 13 500 000 Mk.	$\frac{400 \,.\, 500\,000 \,.\, 4{,}5}{100}$ = 9 000 000 Mk.	$\frac{200 \,.\, 500\,000 \,.\, 4{,}5}{100}$ = 4 500 000 Mk.
Bei 250 000 Mk./km Baukosten	6 750 000 Mk.	4 500 000 Mk.	2 250 000 Mk.

Hiernach ergibt sich für die vier verschiedenen Beförderungsmengen von jährlich 120, 80, 40, 10 Millionen Tonnen ein Aufwand für die Tonne

Bei 500 000 Mk./km Baukosten	Bei 600 km	Bei 400 km	Bei 200 km
für 120 Mill. Tonnen	0,113 Mk.	0,075 Mk.	0,038 Mk.
„ 80 „ „	0,169 „	0,113 „	0,056 „
„ 40 „ „	0,338 „	0,225 „	0,113 „
„ 10 „ „	1,350 „	0,900 „	0,450 „

Bei 250 000 Mk./km Baukosten			
für 120 Mill. Tonnen	0,056 Mk.	0,038 Mk.	0,019 Mk.
„ 80 „ „	0,084 „	0,056 „	0,028 „
„ 40 „ „	0,169 „	0,113 „	0,056 „
„ 10 „ „	0,675 „	0,450 „	0,225 „

6. Stationskosten und Streckenbewachungskosten, ausschließlich Signalbedienung und Lokomotivbedienung (unter 8 bezw. 1 b berücksichtigt).

Alle 50 km ist eine Wasser- und Kohlenstation bezw. Lokomotivwechselstation vorhanden, auf der die Züge bis etwa 10 Minuten halten, wo folglich hierfür und für den Fall von Betriebsunregelmäßigkeiten mehrere Gleise für jede Richtung vorhanden sind. Dort werden auch die Züge von Wagenmeistern unter Mithilfe der begleitenden Schmierer und von Stationsarbeitern nachgesehen. An jedem Stationsende befinden sich Weichen und ein Stellwerk. Es wird auf jeder solchen Station als Personalbedarf (in Anbetracht doppelter Besetzung) angenommen:

2 Stationsverwalter	zu 2427 Mk. =	4 854 Mk.
4 Weichensteller	„ 1276 „ =	5 104 „
4 Wagenmeister.	„ 1626 „ =	6 504 „
10 Arbeiter.	„ 1026 „ =	10 260 „
	Zusammen	26 722 Mk.
oder mit 15 % Zuschlag für Pensionen usw.		30 800 Mk.

Hierzu werden für elektrische Beleuchtung der Gleise 10 Bogenlampen von 10 Ampère angenommen, deren jede für die Nacht 1,50 Mk. kostet, alle zusammen daher jährlich 10 . 1,50 . 360 = 5400 Mk. Die Kosten der Materialen für sonstige Beleuchtung, für Schmieren der Weichen, Reinigen der Innenräume usf. sind unter 1 a berücksichtigt. Für Heizung der Innenräume und für Unvorhergesehenes zur Abrundung werden noch 3800 Mk. gerechnet, so daß die Jahreskosten einer Station betragen: 40 000 Mk. Solcher Stationen sind vorhanden bei 600 km 11, bei 400 km 7, bei 200 km 3. Hierzu treten in jedem Falle 2 Endstationen, für die außer den in den Rangierkosten berücksichtigten Beträgen, d. h. namentlich für die Fahrdienstleitung, je noch 60 000 Mk. Jahreskosten gerechnet werden sollen. Dann ergeben sich:

Bei 600 km	Bei 400 km	Bei 200 km
560 000 Mk.	400 000 Mk.	240 000 Mk.

Für Streckenbewachung seien auf je 5 km 2 Bahnwärter (im Wechsel) vorhanden zu 1026 Mk. + 15 % = rd. 1200 Mk. und auf je 16,67 km ein Bahnmeister zu 2427 + 15 % = 2800 Mk. Diese Zahl wird mit Rücksicht auf Bahnmeister I. Klasse und Diätare auf 3000 Mk. erhöht. Dann treten zu obigen Kosten hinzu:

120 . 2400 + 36 . 3000 = 396 000 Mk.	80 . 2400 + 24 . 3000 = 264 000 Mk.	40 . 2400 + 12 . 3000 = 132 000 Mk.

Also sind die Jahreskosten für die Stationen und für Streckenbewachung:

956 000 Mk.	664 000 Mk.	372 000 Mk.

d. h. für die beförderte Tonne bei den verschiedenen Beförderungsmengen:

	Bei 600 km	Bei 400 km	Bei 200 km
120 Millionen Tonnen	0,008 Mk.	0,006 Mk.	0,003 Mk.
80 „ „	0,012 „	0,008 „	0,005 „
40 „ „	0,024 „	0,017 „	0,009 „
10 „ „	0,096 „	0,066 „	0,037 „

7. Unterhaltung und Erneuerung der baulichen Anlagen.

Auf den preußisch-hessischen Staatsbahnen sind 1904 auf Titel 8 ausgegeben, d. h. für gewöhnliche und außergewöhnliche Unterhaltung einschließlich der Kosten kleinerer und erheblicher Ergänzungen auf 66 783 km = 177 771 095 Mk. oder rd. 2660 Mk./km Gleis.

Die in Rede stehende Bahn hat

2 . 600 = 1200 2 . 400 = 800 2 . 200 = 400 km Hauptgleise.

Dazu in jeder Unterwegsstation (geschätzt) etwa 10 km, in jedem Endbahnhofe (geschätzt) etwa 100 km Gleise, zusammen

1200 + 110 + 200 = 1510 km	800 + 70 + 200 = 1070 km	400 + 30 + 200 = 630 km.

In Anbetracht der starken Benutzung der Gleise wäre hier ein erheblich höherer Betrag zu rechnen, als auf den preußisch-hessischen Staatsbahnen. Anderseits kann man hier mit durchweg gut gebauten Gleisen rechnen. Die Züge fahren langsamer. Die Zahl der Krümmungen und Weichen ist geringer. Im ganzen dürfte daher ein Betrag:

von 9000	Mk./km	bei	120 000 000	Tonnen	Verkehr
„ 7000	„	„	80 000 000	„	„
„ 5000	„	„	40 000 000	„	„
„ 3000	„	„	10 000 000	„	„

als reichlich geschätzt erscheinen.

Hiernach ergeben sich folgende Unterhaltungs- usw. kosten für die beförderte Tonne:

	Bei 600 km	**Bei 400 km**	**Bei 200 km**
Für 120 Millionen Tonnen	$\frac{1510 . 9000}{120\,000\,000} =$ 0,113 Mk.	$\frac{1070 . 9000}{120\,000\,000} =$ 0,080 Mk.	$\frac{630 . 9000}{120\,000\,000} =$ 0,047 Mk.
Für 80 Millionen Tonnen	$\frac{1510 . 7000}{80\,000\,000} =$ 0,132 Mk.	$\frac{1070 . 7000}{80\,000\,000} =$ 0,094 Mk.	$\frac{630 . 7000}{80\,000\,000} =$ 0,055 Mk.
Für 40 Millionen Tonnen	$\frac{1510 . 5000}{40\,000\,000} =$ 0,189 Mk.	$\frac{1070 . 5000}{40\,000\,000} =$ 0,134 Mk.	$\frac{630 . 5000}{40\,000\,000} =$ 0,079 Mk.
Für 10 Millionen Tonnen	$\frac{1510 . 3000}{10\,000\,000} =$ 0,453 Mk.	$\frac{1070 . 3000}{10\,000\,000} =$ 0,321 Mk.	$\frac{630 . 3000}{10\,000\,000} =$ 0,189 Mk.

8. Bedienung der Signale und Blockeinrichtungen.

Bei dichtester Zugfolge sollen stündlich in jeder Richtung 10 Züge verkehren, d. h. alle 6 Minuten ein Zug. Bei 25 km Geschwindigkeit ist hiernach der Zugabstand 2,5 km von Spitze bis Spitze und bei etwa 700 m Zuglänge der Zwischenabstand durchschnittlich 1800 m. Um diese Zugfolge einzuhalten, erscheint mit Rücksicht auf das Wiederanfahren nach Verkehrsstockungen eine Einteilung in Blockstrecken von 950 m erforderlich*). Dabei ist dann bei 100 m Vor-

---

*) Berechnung der erforderlichen Blockteilung. Die Blockteilung soll unter der Voraussetzung ermittelt werden, daß zwei hintereinander auf einer Steigung von 1‰ im Blockabstand haltende Züge größten Gewichtes beim Anfahren ohne weiteren Zeitverlust in den bei stärkstem Verkehr maßgebenden Fahrtabstand von 2500 m gelangen. Kommen Züge auf einer stärkeren Steigung hintereinander im Blockabstand zum Halten, so werden sie dann nach dem Anfahren in einem größeren Raumabstand als 2500 m sich befinden. Hierdurch braucht aber in der Regel kein besonderer Zeitverlust zu entstehen, da man bei Verkehrsstockungen zunächst die Züge in den Bahnhöfen aufsammeln wird, so daß man beim Wiederingangsetzen des Verkehrs die Züge aus den Bahnhöfen im richtigen Abstand abfahren läßt, dort sich also auch die etwaigen größeren Abstände der auf den Vorstrecken halten gebliebenen und von dort einlaufenden Züge wieder ausgleichen.

signalabstand, wie beistehende Abbildung zeigt, ein Spielraum von 750 m zwischen der Streckenfreigabe durch einen Zug und dem An-

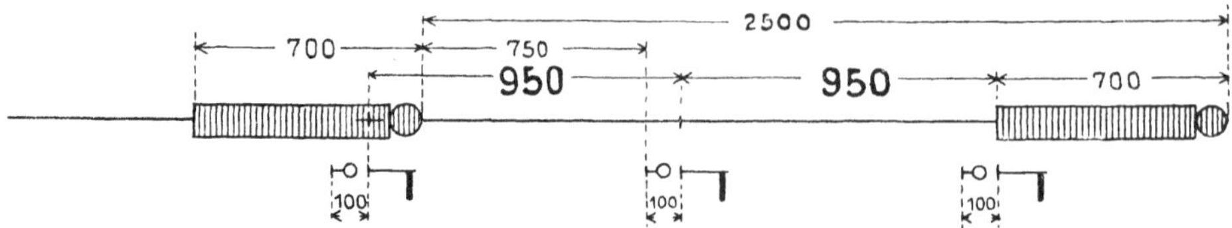

Zur Erzielung des richtigen Raumabstandes bei der Ausfahrt der Züge aus den Bahnhöfen werden Zwischensignale aufgestellt.

Es betragen:

Die Zugkraft Z = 20 t,

Das Gewicht eines beladenen Zuges G = 2950 t.

Der durchschnittliche Widerstand in Kilogramm auf 1 t Zuggewicht während der ganzen Anfahrzeit, d. h. während V von o auf 25 km anwächst:

$$w = 2{,}4 + \frac{25^2}{3 \,.\, 1300} + 1 = 3{,}56.$$

(Eigentlich müßte der durchschnittliche Widerstand aus der von 0 bis zu der nach 700 m Anfahrweg erreichten Geschwindigkeit, die unten zu 23,7 km ermittelt ist, berechnet werden.)

Also der durchschnittliche Widerstand des ganzen Zuges:

$$W = 3{,}56 \,.\, 2950 = 10\,502 \text{ kg} = 10{,}5 \text{ t}.$$

Für das A n f a h r e n stehen also an überschüssiger Zugkraft durchschnittlich zur Verfügung $20{,}0 - 10{,}5 = 9{,}5$ t.

Wenn zwei Züge hintereinander im Blockabstand, d. h. mit der Spitze am Blocksignal, zum Halten gekommen sind, kann der zweite erst anfahren, nachdem der erste um seine ganze Länge von 700 m vorwärts gefahren ist, so daß die rückliegende Strecke entblockt werden kann.

Während der erste Zug diese 700 m anfahrend mit wachsender Schnelligkeit zurücklegt, leistet seine Lokomotive eine Anfahrarbeit von $700 \,.\, 9{,}5 = 6650$ mt.

Da nun annähernd bei Endgeschwindigkeit X in km/Std. die Anfahrarbeit:

$$\frac{4\, X^2 \,.\, G}{1000} \text{ (in mt oder kg/km), so ist hier:}$$

$$\frac{4 \,.\, X^2 \,.\, 2950}{1000} = 6650, \text{ oder } X = 23{,}7 \text{ km/Std.}$$

Im Durchschnitt werden die ersten 700 m zurückgelegt mit annähernd

$$\frac{23{,}7}{2} = 11{,}85 \text{ km/Std., d. h. in}$$

$$\frac{700 \,.\, 60}{11\,850} = 3{,}55 \text{ Minuten, rd. } 3{,}6 \text{ Minuten,}$$

so daß der zweite Zug sich um rd. 3,6 Minuten später in Bewegung setzt, als der erste. Diesen Zeitraum hindurch ist, nachdem beide Züge volle Streckengeschwindigkeit erlangt haben, der erste Zug mit voller Streckengeschwindigkeit gefahren, während der zweite geruht hat. Der erste hat also einen Vorsprung von

$$\frac{25\,000}{60} \,.\, 3{,}6 = 1500 \text{ m erlangt.}$$

Da nach Erlangung dieses Vorsprunges der Abstand beider Züge von Spitze zu Spitze nicht über 2500 m betragen soll, so dürfen die Blocksignale nicht weiter als $2500 - 1500 = 1000$ m voneinander stehen. Mit Rücksicht auf den für Signalbedienung und sonstige Zeitverluste erforderlichen Zeitaufwand erscheint ein Blockabstand von nicht mehr als 950 m erforderlich.

langen der Spitze des folgenden Zuges am Vorsignal vorhanden, was als reichlich genügend zu betrachten ist, um dem Eintritt von Stockungen bei normalem Betriebe vorzubeugen.

Hiernach sind erforderlich bei doppelter Besetzung (Tag und Nacht) rd.:

Bei 600 km	Bei 400 km	Bei 200 km
1260	840	420 Mann,

für deren jeden (mit 15 % Zuschlag für Pensionen usw.) rd. 1200 Mk. zu rechnen sind, also

1 512 000 Mk.	1 008 000 Mk.	504 000 Mk.

Diese Besetzung wird für 80 Millionen bis 120 Millionen t jährlichen Verkehrs angenommen, bei 40 Millionen die Hälfte, bei 10 Millionen $^1/_8$, d. h. alle 7,6 km eine Blockstelle). Dann ergeben sich an Kosten für die Tonne

	Bei 600 km	Bei 400 km	Bei 200 km
Für 120 Millionen t	0,013 Mk.	0,008 Mk.	0,004 Mk.
„ 80 „ „	0,019 „	0,013 „	0,006 „
„ 40 „ „	0,019 „	0,013 „	0,006 „
„ 10 „ „	0,019 „	0,013 „	0,006 „

IV. Schlußfolgerungen.

Soweit man aus Rechnungen, die, wie die vorliegende, zum großen Teil auf Schätzungen beruhen, überhaupt Schlüsse ziehen kann, geben die vorgängigen Berechnungen zu folgenden Betrachtungen Veranlassung.

Zunächst sei hervorgehoben, daß in den berechneten Kosten für die beförderte Tonne eine Anzahl von Kostenbeträgen nicht enthalten ist (vergl. oben S. 113/114), deren Gesamtbetrag jedoch nur einen kleinen Bruchteil der übrigen Kosten ausmachen kann, daher für die Beurteilung des Ergebnisses vorstehender Berechnung hinsichtlich der wirtschaftlichen Aussichten der geplanten Bahn nicht ins Gewicht fällt.

Im ganzen zeigt das Ergebnis der Berechnung, wie zu erwarten, daß die Beförderungskosten nicht genau im Verhältnis der Transportweite zunehmen, daß vielmehr die Transporte auf große Entfernungen relativ billiger sind. Bei genauerer Ermittlung der Kosten dürfte diese Erscheinung noch stärker hervortreten. Im übrigen ist es besonders von Interesse, die Beförderungskosten bei der größten in Rechnung gezogenen Entfernung zu betrachten. Die Kosten für die beförderte Tonne schwanken bei 600 km Transportweite zwischen 1,838 Mk. und 3,884 Mk. oder für eine Menge von 10 t zwischen 18,38 und 38,84 Mk. Demgegenüber sei angeführt, daß bei unserem billigsten bestehenden Tarife (für 100 kg 0,14 Pf. auf 1 km und 6 Pf. Abfertigungsgebühr) die Kosten der Beförderung einer 10 t-Wagenladung auf die gleiche Entfernung 90 Mk. betragen.

In Wirklichkeit wird auf den höchsten Preis nicht zu rechnen sein, da hierbei eine so ungünstige Wagenausnutzung vorausgesetzt ist, wie sie selbst auf unseren bestehenden Bahnen kaum vorkommt, Rechnet man nur mit der günstigsten Wagenausnutzung (8 Stunden für Be- und Entladung und gleichmäßigem Verkehr), so beträgt der höchste errechnete Preis 35,66 Mk. für 10 t.

Aus der Berechnung geht also jedenfalls das hervor, daß die Fürsorge für eine gute Wagenausnutzung, namentlich also auch für einen schnellen Wagenumlauf auf das wirtschaftliche Ergebnis von erheblichem Einfluß ist*). Dies wird auch für die Entscheidung über die zu wählende Fahrgeschwindigkeit von Bedeutung sein.

Von größtem Einfluß auf den Einheitspreis der Beförderung ist, wie vorauszusehen war, die Transportmenge, und zwar, weil bei kleinerer Transportmenge die Verzinsung und Tilgung der Baukosten und die Unterhaltungskosten mehr ins Gewicht fallen. Die Verzinsung und Tilgung der Baukosten sind bei der größten Transportmenge von unwesentlichem Einfluß auf den Einheitspreis, so daß also auch die Frage, ob die Baukosten 500 000 oder 250 000 Mk. betragen, hierbei keine Rolle spielt. Bei 10 Millionen Tonnen Transportmenge und bei einer Transportweite von 600 km liegt allein in der kleineren oder größeren Höhe der Baukosten ein Unterschied von 0,675 Mk. f. d. Tonne, oder 6,75 Mk. für 10 t. Bei den in Betracht kommenden Bahnlinien dürften indessen so hohe Baukosten nur ausnahmsweise vorkommen. Jedenfalls wird also namentlich für die anfängliche Rentabilität die Höhe der Baukosten von Bedeutung sein.

Auch ohne den Hinweis darauf, daß der gesamte deutsche Güterverkehr jährlich nur rd. 250 Millionen Tonnen beträgt, ist ohne weiteres klar, daß man auf den Maximalverkehr von 120 Millionen Tonnen niemals wird rechnen dürfen, schon wegen der Verkehrsschwankungen mit den Jahreszeiten und wegen der ungleichmäßigen Ausnutzung einer

*) Dies tritt bei kleineren Entfernungen noch mehr hervor.

längeren Bahnstrecke. Man wird jedenfalls damit zufrieden sein können, wenn man gleich zu Anfang einen Verkehr von 10 Millionen Tonnen erhält, und wenn später der Verkehr sich zu 40 oder gar bis 80 Millionen Tonnen aufschwingt. Aber auch bei 10 Millionen Tonnen wird man bei billigen Baukosten und günstiger Wagenausnutzung auf einen Preis von rd. 30,00 Mk. für 10 t, also auf etwa $^1/_3$ des jetzigen niedrigsten Preises rechnen können. Bei geringeren Entfernungen wird das Verhältnis für die Güterbahnen noch günstiger sich stellen, weil die Abfertigungskosten geringer sind, als bei den bestehenden Bahnen. So beträgt bei 200 km Entfernung der billigste Frachtsatz nach den bestehenden Tarifen 34,00 Mk. für 10 t, dagegen bei der Güterbahn auch bei 10 Millionen Tonnen Transportmenge bei billigen Baukosten und günstiger Wagenausnutzung knapp 11,00 Mk., also mit Abfertigungskosten vielleicht $^1/_3$ des jetzigen niedrigsten Preises.

Also erscheint das von Herrn Dr. Rathenau geplante Unternehmen, wenn die im Eingang dieses Gutachtens entwickelten Voraussetzungen vorliegen, durchaus aussichtsvoll. Viele Güter werden sich zu dieser Art Beförderung nicht eignen, manche aber dürften noch billiger befördert werden können, als hier angegeben, abgesehen davon, daß bei billigen Baukosten, ferner in Anbetracht der möglicherweise durch elektrischen Betrieb zu erwartenden Ersparnisse und aus anderen Gründen vielleicht überhaupt die Beförderungspreise sich noch billiger stellen werden. Ein endgültiges Urteil wird sich allerdings erst nach einer genaueren Untersuchung fällen lassen, bei der der zu erwartende Verkehr, die Baukosten der tatsächlich zu bauenden Bahnen, die Betriebsweise und die Bauart der Betriebsmittel usw. einer eingehenden Prüfung zu unterziehen sein werden.

Beförderungskosten für die Tonne

Jährliche Beförderungsmenge	Ausnutzung der Wagen	Baukosten für das km	1. Kosten für die beförderte Tonne, die im geraden Verhältnis der Transportleistung wachsen						
			a) Kohlen, Wasser, Betriebsmaterialien	b) Lokomotivmannschaften einschl. Lokomotivbedienung	c) Zugmannschaften	d) Unterhaltung und Ausbesserung der Lokomotiven	e) Unterhaltung und Ausbesserung der Wagen	f) Unterhaltung und Ergänzung der Inventarien, Beschaffung von Drucksachen, Schreib- und Zeichenmaterialien	Zusammen 1 a—f
			Mark	Mark	Mark	Mark	Mark	Mark	Mark
120 Millionen Tonnen	8 Stunden Be- und Entladung, gleichmäßiger Verkehr	500 000	0,488	0,105	0,073	0,117	0,528	0,040	1,351
		250 000	.	.	.	.	.	.	1,351
	8 Stunden Be- und Entladung, 100 % Verkehrsschwankung	500 000	.	.	.	.	.	.	1,351
		250 000	.	.	.	.	.	.	1,351
	72 Stunden Be- und Entladung, gleichmäßiger Verkehr	500 000	.	.	.	.	.	.	1,351
		250 000	.	.	.	.	.	.	1,351
	72 Stunden Be- und Entladung, 100 % Verkehrsschwankung	500 000	.	.	.	.	.	.	1,351
		250 000	.	.	.	.	.	.	1,351
80 Millionen Tonnen	8 Stunden Be- und Entladung, gleichmäßiger Verkehr	500 000	.	.	.	.	.	.	1,351
		250 000	.	.	.	.	.	.	1,351
	8 Stunden Be- und Entladung, 100 % Verkehrsschwankung	500 000	.	.	.	.	.	.	1,351
		250 000	.	.	.	.	.	.	1,351
	72 Stunden Be- und Entladung, gleichmäßiger Verkehr	500 000	.	.	.	.	.	.	1,351
		250 000	.	.	.	.	.	.	1,351
	72 Stunden Be- und Entladung, 100 % Verkehrsschwankung	500 000	.	.	.	.	.	.	1,351
		250 000	.	.	.	.	.	.	1,351
40 Millionen Tonnen	8 Stunden Be- und Entladung, gleichmäßiger Verkehr	500 000	.	.	.	.	.	.	1,351
		250 000	.	.	.	.	.	.	1,351
	8 Stunden Be- und Entladung, 100 % Verkehrsschwankung	500 000	.	.	.	.	.	.	1,351
		250 000	.	.	.	.	.	.	1,351
	72 Stunden Be- und Entladung, gleichmäßiger Verkehr	500 000	.	.	.	.	.	.	1,351
		250 000	.	.	.	.	.	.	1,351
	72 Stunden Be- und Entladung, 100 % Verkehrsschwankung	500 000	.	.	.	.	.	.	1,351
		250 000	.	.	.	.	.	.	1,351
10 Millionen Tonnen	8 Stunden Be- und Entladung, gleichmäßiger Verkehr	500 000	.	.	.	.	.	.	1,351
		250 000	.	.	.	.	.	.	1,351
	8 Stunden Be- und Entladung, 100 % Verkehrsschwankung	500 000	.	.	.	.	.	.	1,351
		250 000	.	.	.	.	.	.	1,351
	72 Stunden Be- und Entladung, gleichmäßiger Verkehr	500 000	.	.	.	.	.	.	1,351
		250 000	.	.	.	.	.	.	1.351
	72 Stunden Be- und Entladung, 100 % Verkehrsschwankung	500 000	.	.	.	.	.	.	1,351
		250 000	.	.	.	.	.	.	1,351

Nutzlast bei 600 km Transportweite.

2. Rangier-kosten	3. Verzinsung und Tilgung der Beschaffungs-kosten der Wagen	4. Verzinsung und Tilgung der Beschaffungs-kosten der Lokomotiven	5. Verzinsung und Tilgung der Baukosten	6. Stationskosten und Strecken-bewachungs-kosten ausschließlich Signal- und Lokomotiv-bedienung	7. Unterhaltung und Erneuerung der baulichen Anlagen	8. Bedienung der Signal- und Block-einrichtungen	Gesamtkosten für die beförderte Tonne
Mark	Mark	Mark	Mark	Mark	Mark	Mark	Mark
0,050	0,165	0,082	0,113	0,008	0,113	0,013	1,895
0,050			0,056	0,008	0,113	0,013	1,838
0,050	0,220	0,108	0,113	0,008	0,113	0,013	1,976
0,050			0,056	0,008	0,113	0,013	1,919
0,050	0,343	0,082	0,113	0,008	0,113	0,013	2,073
0,050			0,056	0,008	0,113	0,013	2,016
0,050	0,457	0,108	0,113	0,008	0,113	0,013	2,213
0,050			0,056	0,008	0,113	0,013	2,156
0,050	0,165	0,082	0,169	0,012	0,132	0,019	1,980
0,050			0,084	0,012	0,132	0,019	1,895
0,050	0,220	0,108	0,169	0,012	0,132	0,019	2,061
0,050			0,084	0,012	0,132	0,019	1,976
0,050	0,343	0,082	0,169	0,012	0,132	0,019	2,158
0,050			0,084	0,012	0,132	0,019	2,073
0,050	0,457	0,108	0,169	0,012	0,132	0,019	2,298
0,050			0,084	0,012	0,132	0,019	2,213
0,050	0,165	0,082	0,338	0,024	0,189	0,019	2,218
0,050			0,169	0,024	0,189	0,019	2,049
0,050	0,220	0,108	0,338	0,024	0,189	0,019	2,299
0,050			0,169	0,024	0,189	0,019	2,130
0,050	0,343	0,082	0,338	0,024	0,189	0,019	2,396
0,050			0,169	0,024	0,189	0,019	2,227
0,050	0,457	0,108	0,338	0,024	0,189	0,019	2,536
0,050			0,169	0,024	0,189	0,019	2,367
0,050	0,165	0,082	1,350	0,096	0,453	0,019	3,566
0,050			0,675	0,096	0,453	0,019	2,891
0,050	0,220	0,108	1,350	0,096	0,453	0,019	3,647
0,050			0,675	0,096	0,453	0,019	2,972
0,050	0,343	0,082	1,350	0,096	0,453	0,019	3,744
0,050			0,675	0,096	0,453	0,019	3,069
0,050	0,457	0,108	1,350	0,096	0,453	0,019	3,884
0,050			0,675	0,096	0,453	0,019	3,209

Beförderungskosten für die Tonne

Jährliche Beförderungsmenge	Ausnutzung der Wagen	Baukosten für das km	1. Kosten für die beförderte Tonne, die im geraden Verhältnis der Transportleistung wachsen						
			a) Kohlen, Wasser, Betriebsmaterialien	b) Lokomotivmannschaften einschl. Lokomotivbedienung	c) Zugmannschaften	d) Unterhaltung und Ausbesserung der Lokomotiven	e) Unterhaltung und Ausbesserung der Wagen	f) Unterhaltung und Ergänzung der Inventarien, Beschaffung von Drucksachen, Schreib- und Zeichenmaterialien	Zusammen 1 a—f
			Mark	Mark	Mark	Mark	Mark	Mark	Mark
120 Millionen Tonnen	8 Stunden Be- und Entladung, gleichmäßiger Verkehr	500 000	0,325	0,070	0,048	0,078	0,352	0,027	0,900
		250 000	.	.	.	.	.	.	0,900
	8 Stunden Be- und Entladung, 100 % Verkehrsschwankung	500 000	.	.	.	.	.	.	0,900
		250 000	.	.	.	.	.	.	0,900
	72 Stunden Be- und Entladung, gleichmäßiger Verkehr	500 000	.	.	.	.	.	.	0,900
		250 000	.	.	.	.	.	.	0,900
	72 Stunden Be- und Entladung, 100 % Verkehrsschwankung	500 000	.	.	.	.	.	.	0,900
		250 000	.	.	.	.	.	.	0,900
80 Millionen Tonnen	8 Stunden Be- und Entladung, gleichmäßiger Verkehr	500 000	.	.	.	.	.	.	0,900
		250 000	.	.	.	.	.	.	0,900
	8 Stunden Be- und Entladung, 100 % Verkehrsschwankung	500 000	.	.	.	.	.	.	0,900
		250 000	.	.	.	.	.	.	0,900
	72 Stunden Be- und Entladung, gleichmäßiger Verkehr	500 000	.	.	.	.	.	.	0,900
		250 000	.	.	.	.	.	.	0,900
	72 Stunden Be- und Entladung, 100 % Verkehrsschwankung	500 000	.	.	.	.	.	.	0,900
		250 000	.	.	.	.	.	.	0,900
40 Millionen Tonnen	8 Stunden Be- und Entladung, gleichmäßiger Verkehr	500 000	.	.	.	.	.	.	0,900
		250 000	.	.	.	.	.	.	0,900
	8 Stunden Be- und Entladung, 100 % Verkehrsschwankung	500 000	.	.	.	.	.	.	0,900
		250 000	.	.	.	.	.	.	0,900
	72 Stunden Be- und Entladung, gleichmäßiger Verkehr	500 000	.	.	.	.	.	.	0,900
		250 000	.	.	.	.	.	.	0,900
	72 Stunden Be- und Entladung, 100 % Verkehrsschwankung	500 000	.	.	.	.	.	.	0,900
		250 000	.	.	.	.	.	.	0,900
10 Millionen Tonnen	8 Stunden Be- und Entladung, gleichmäßiger Verkehr	500 000	.	.	.	.	.	.	0,900
		250 000	.	.	.	.	.	.	0,900
	8 Stunden Be- und Entladung, 100 % Verkehrsschwankung	500 000	.	.	.	.	.	.	0,900
		250 000	.	.	.	.	.	.	0,900
	72 Stunden Be- und Entladung, gleichmäßiger Verkehr	500 000	.	.	.	.	.	.	0,900
		250 000	.	.	.	.	.	.	0,900
	72 Stunden Be- und Entladung, 100 % Verkehrsschwankung	500 000	.	.	.	.	.	.	0,900
		250 000	.	.	.	.	.	.	0,900

Nutzlast bei 400 km Transportweite.

2. Rangierkosten	3. Verzinsung und Tilgung der Beschaffungskosten der Wagen	4. Verzinsung und Tilgung der Beschaffungskosten der Lokomotiven	5. Verzinsung und Tilgung der Baukosten	6. Stationskosten und Streckenbewachungskosten ausschließlich Signal- und Lokomotivbedienung	7. Unterhaltung und Erneuerung der baulichen Anlagen	8. Bedienung der Signal- und Blockeinrichtungen	Gesamtkosten für die beförderte Tonne
Mark	Mark	Mark	Mark	Mark	Mark	Mark	Mark
0,050	0,118	0,054	0,075	0,006	0,080	0,008	1,291
0,050			0,038	0,006	0,080	0,008	1,254
0,050	0,157	0,072	0,075	0,006	0,080	0,008	1,348
0,050			0,038	0,006	0,080	0,008	1,311
0,050	0,293	0,054	0,075	0,006	0,080	0,008	1,466
0,050			0,038	0,006	0,080	0,008	1,429
0,050	0,391	0,072	0,075	0,006	0,080	0,008	1,582
0,050			0,038	0,006	0,080	0,008	1,545
0,050	0,118	0,054	0,113	0,008	0,094	0,013	1,350
0,050			0,056	0.008	0,094	0,013	1,293
0,050	0,157	0,072	0,113	0,008	0,094	0,013	1,407
0,050			0,056	0,008	0,094	0,013	1,350
0,050	0,293	0,054	0,113	0,008	0,094	0,013	1,525
0,050			0,056	0,008	0,094	0,013	1,468
0,050	0,391	0,072	0,113	0,008	0,094	0,013	1.641
0,050			0,056	0,008	0,094	0,013	1,584
0,050	0,118	0,054	0,225	0,017	0,134	0,013	1,511
0,050			0,113	0,017	0,134	0,013	1,399
0,050	0,157	0,072	0,225	0,017	0,134	0,013	1,568
0,050			0,113	0,017	0,134	0,013	1,456
0,050	0,293	0.054	0,225	0,017	0,134	0,013	1,686
0,050			0,113	0,017	0,134	0,013	1,574
0,050	0,391	0,072	0,225	0,017	0,134	0,013	1,802
0,050			0,113	0,017	0,134	0,013	1,690
0,050	0,118	0,054	0,900	0,066	0,321	0,013	2,422
0,050			0,450	0,066	0,321	0,013	1,972
0,050	0,157	0,072	0,900	0,066	0,321	0,013	2,479
0,050			0,450	0,066	0,321	0,013	2,029
0,050	0,293	0,054	0,900	0,066	0,321	0,013	2,597
0,050			0,450	0,066	0,321	0,013	2,147
0,050	0,391	0,072	0,900	0,066	0,321	0,013	2,713
0,050			0,450	0,066	0,321	0,013	2,263

Beförderungskosten für die Tonne

Jährliche Beförderungsmenge	Ausnutzung der Wagen	Baukosten für das km	1. Kosten für die beförderte Tonne, die im graden Verhältnis der Transportleistung wachsen						
			a) Kohlen, Wasser, Betriebsmaterialien	b) Lokomotivmannschaften einschl. Lokomotivbedienung	c) Zugmannschaften	d) Unterhaltung und Ausbesserung der Lokomotiven	e) Unterhaltung und Ausbesserung der Wagen	f) Unterhaltung und Ergänzung der Inventarien, Beschaffung von Drucksachen, Schreib- und Zeichenmaterialien	Zusammen 1 a—f
			Mark	Mark	Mark	Mark	Mark	Mark	Mark
120 Millionen Tonnen	8 Stunden Be- und Entladung, gleichmäßiger Verkehr	500 000	0,163	0,035	0,024	0,039	0,176	0,013	0,450
		250 000	.	.	.	.	.	.	0,450
	8 Stunden Be- und Entladung, 100 % Verkehrsschwankung	500 000	.	.	.	.	.	.	0,450
		250 000	.	.	.	.	.	.	0,450
	72 Stunden Be- und Entladung, gleichmäßiger Verkehr	500 000	.	.	.	.	.	.	0,450
		250 000	.	.	.	.	.	.	0,450
	72 Stunden Be- und Entladung, 100 % Verkehrsschwankung	500 000	.	.	.	.	.	.	0,450
		250 000	.	.	.	.	.	.	0,450
80 Millionen Tonnen	8 Stunden Be- und Entladung, gleichmäßiger Verkehr	500 000	.	.	.	.	.	.	0,450
		250 000	.	.	.	.	.	.	0,450
	8 Stunden Be- und Entladung, 100 % Verkehrsschwankung	500 000	.	.	.	.	.	.	0,450
		250 000	.	.	.	.	.	.	0,450
	72 Stunden Be- und Entladung, gleichmäßiger Verkehr	500 000	.	.	.	.	.	.	0,450
		250 000	.	.	.	.	.	.	0,450
	72 Stunden Be- und Entladung, 100 % Verkehrsschwankung	500 000	.	.	.	.	.	.	0,450
		250 000	.	.	.	.	.	.	0,450
40 Millionen Tonnen	8 Stunden Be- und Entladung, gleichmäßiger Verkehr	500 000	.	.	.	.	.	.	0,450
		250 000	.	.	.	.	.	.	0,450
	8 Stunden Be- und Entladung, 100 % Verkehrsschwankung	500 000	.	.	.	.	.	.	0,450
		250 000	.	.	.	.	.	.	0,450
	72 Stunden Be- und Entladung, gleichmäßiger Verkehr	500 000	.	.	.	.	.	.	0,450
		250 000	.	.	.	.	.	.	0,450
	72 Stunden Be- und Entladung, 100 % Verkehrsschwankung	500 000	.	.	.	.	.	.	0,450
		250 000	.	.	.	.	.	.	0,450
10 Millionen Tonnen	8 Stunden Be- und Entladung, gleichmäßiger Verkehr	500 000	.	.	.	.	.	.	0,450
		250 000	.	.	.	.	.	.	0,450
	8 Stunden Be- und Entladung, 100 % Verkehrsschwankung	500 000	.	.	.	.	.	.	0,450
		250 000	.	.	.	.	.	.	0,450
	72 Stunden Be- und Entladung, gleichmäßiger Verkehr	500 000	.	.	.	.	.	.	0,450
		250 000	.	.	.	.	.	.	0,450
	72 Stunden Be- und Entladung, 100 % Verkehrsschwankung	500 000	.	.	.	.	.	.	0,450
		250 000	.	.	.	.	.	.	0,450

Nutzlast bei 200 km Transportweite.

2. Rangierkosten	3. Verzinsung und Tilgung der Beschaffungskosten der Wagen	4. Verzinsung und Tilgung der Beschaffungskosten der Lokomotiven	5. Verzinsung und Tilgung der Baukosten	6. Stationskosten und Streckenbewachungskosten ausschließlich Signal- und Lokomotivbedienung	7. Unterhaltung und Erneuerung der baulichen Anlagen	8. Bedienung der Signal- und Blockeinrichtungen	Gesamtkosten für die beförderte Tonne
Mark	Mark	Mark	Mark	Mark	Mark	Mark	Mark
0,050	0,070	0,027	0,038	0,003	0,047	0,004	0,689
0,050			0,019	0,003	0,047	0,004	0,670
0,050	0,093	0,036	0,038	0,003	0,047	0,004	0,721
0,050			0,019	0,003	0,047	0,004	0,702
0,050	0,245	0,027	0,038	0,003	0,047	0,004	0,864
0,050			0,019	0,003	0,047	0,004	0,845
0,050	0,327	0,036	0,038	0,003	0,047	0,004	0,955
0,050			0,019	0,003	0,047	0,004	0,936
0,050	0,070	0,027	0,056	0,005	0,055	0,006	0,719
0,050			0,028	0,005	0,055	0,006	0,691
0,050	0,093	0,036	0,056	0,005	0,055	0,006	0,751
0,050			0,028	0,005	0,055	0,006	0,723
0,050	0,245	0,027	0,056	0,005	0,055	0,006	0,894
0,050			0,028	0,005	0,055	0,006	0,866
0,050	0,327	0,036	0,056	0,005	0.055	0,006	0.985
0,050			0,028	0,005	0,055	0,006	0,957
0,050	0,070	0,027	0,113	0,009	0,079	0,006	0,804
0,050			0,056	0,009	0,079	0,006	0,747
0,050	0,093	0,036	0,113	0,009	0,079	0,006	0,836
0,050			0,056	0,009	0,079	0,006	0,779
0,050	0,245	0,027	0,113	0,009	0,079	0,006	0,979
0,050			0,056	0,009	0,079	0,006	0,922
0.050	0,327	0,036	0,113	0,009	0,079	0,006	1,070
0,050			0,056	0,009	0,079	0,006	1,013
0,050	0,070	0,027	0,450	0,037	0,189	0,006	1,279
0,050			0,225	0,037	0,189	0,006	1,054
0,050	0,093	0,036	0,450	0,037	0,189	0,006	1,311
0.050			0,225	0,037	0,189	0,006	1,086
0,050	0,245	0,027	0,450	0,037	0,189	0,006	1,454
0,050			0,225	0,037	0,189	0,006	1,229
0,050	0,327	0,036	0,450	0,037	0,189	0,006	1,545
0,050			0,225	0,037	0,189	0,006	1,320

Anhang.

Regierungsbaumeister a. D. Neumann

Auszug aus dem vorläufigen Gutachten über besondere Güterbahnen für Massentransporte.

Industrielle Konkurrenzfähigkeit beruht, abgesehen von ideellen Werten, auf folgenden Faktoren:

gute Fabrikationseinrichtungen,
normale Löhne,
billige Transporte.

Hinsichtlich der beiden Ersteren sind wir in Deutschland teils ebenso gut, teils besser gestellt als ausländische Produzenten; hinsichtlich des dritten Faktors stehen wir hinter den Vereinigten Staaten, dem stärksten Konkurrenten des Weltmarktes, weit zurück. Die nachstehenden Untersuchungen zielen daher auf vorteilhaftere Beförderung von Massengütern hin, als mit den vorhandenen Betriebseinrichtungen in Deutschland bisher erreicht worden ist.

I. Vergleich zwischen Wasserstraßen und Eisenbahnen.

Auf den ersten Blick erscheinen die Wasserstraßen als die natürlichsten Verkehrswege für alle Massentransporte und in hervorragendem Umfange werden sie für solche Güterbeförderung auch in Anspruch genommen. Ihnen haften jedoch erhebliche Mängel an, welche ihre Bedeutung für die Gesamtheit der Industrie gewaltig herabmindern.

Unseren Strömen und Flüssen weist ihr natürlicher Lauf aus dem Binnenland zur Seeküste in erster Linie den Einfuhr- und Ausfuhrtransport zu. Durch die Billigkeit dieser Transporte haben die natürlichen Wasserstraßen ihren großen Teil zur industriellen Entwicklung Deutschlands beigetragen, und allerorts wird die Leistungsfähigkeit der deutschen Ströme ergiebig ausgenutzt. Die heimischen Rohprodukte unserer Industrie liegen aber nicht so günstig zueinander, daß sie auf den natürlichen Wasserstraßen in eine frachtliche Nachbarschaft gebracht werden können, und ebensowenig lassen sich künstliche Wasserstraßen, die Kanäle, in Deutschland derart ausbauen, daß sie in dieser Hinsicht allein genügen könnten.

Nur in wenigen Fällen ist es möglich, die Linienführung künstlicher Wasserstraßen den günstigsten Verkehrsbeziehungen anzupassen, meist sind weite Umwege notwendig, weil die Wasserverhältnisse dies erfordern. Jeder Kanal ist in erster Linie an die Wasserbeschaffung für seine Schiffbarkeit gebunden, von der Ausgiebigkeit der Wasserzuflüsse hängt die Leistungsfähigkeit der Wasserstraße ab, und mit ihr wächst oder schwindet der Vorteil, große Fahrzeuge zu transportieren und dementsprechend die Beförderungskosten niedrig zu halten. Diese Wasserbeschaffung stößt durchweg auf Schwierigkeiten, sobald man höher gelegene Gegenden durchziehen muß. Ein Netz von Wasserstraßen, welches alle Landesteile Deutschlands annähernd gleichmäßig berücksichtigt, ist undenkbar; selbst innerhalb Preußens ist ein solches nicht durchzuführen, immer kann es sich hierbei nur um das Tiefland Norddeutschlands handeln, und auch in diesem sind nur wenige Landstriche zum Ausbau eines genügend engmaschigen Kanalnetzes geeignet. Geographisch sind die Kanäle also auf bestimmt begrenzte Gebiete beschränkt, auf welchen sich für die Schiffahrt ausreichende Wassermassen vorfinden, und berücksichtigt man noch, daß die Bedeutung aller Wasserstraßen für die Industrie unmittelbar an ihre Ufer gebunden ist, so liegt auf der Hand, daß nicht ohne Einschränkung den Wasserstraßen vor allen Verkehrswegen der Vorrang bei einer industriellen Erstarkung Deutschlands zugesprochen werden kann.

Erheblich hindernd bei jeder industriellen Entwicklung durch Wasserstraßen wirkt noch der Umstand, daß auf ihnen der Betrieb nicht dauernd aufrecht erhalten werden kann. Im Winter tritt monatelang eine Stockung ein, und die davon betroffene Industrie folgt diesem Einfluß meist mit Betriebseinschränkungen, durch welche die Arbeiterbevölkerung in unliebsame Mitleidenschaft gezogen wird. Auch die Betriebsführer der Fahrzeuge müssen dann still liegen, und hierdurch wird der Wert der Wasserstraßen als billige Transportwege ganz außerordentlich beeinträchtigt; es können aus diesem Grunde nicht die Beförderungskosten, welche sich beim Schiffahrtsbetriebe wirklich ergeben, der Tarifbildung zugrunde gelegt werden, sondern es sind die Schiffahrttreibenden auf eine erheblich höhere Gewinnquote als ihre Konkurrenten angewiesen, zumal die Unterhaltungskosten für die Fahrzeuge in der Zeit, in welcher dieselben nicht ausgenutzt werden können, unverhältnismäßig große sind.

Ein in ihrer Eigenart liegender Nachteil aller Wasserstraßen ist ferner, daß schon an den Gewinnungsstellen der Rohmaterialien meist ein besonderes Transportmittel bei der Verladung in die Wasserfahrzeuge eingeschoben werden muß, und auch für den inneren Verkehr und für den Betrieb innerhalb eines industriellen Werkes sind die Wasserstraßen wenig brauchbar, denn ohne Zwischentransporte auf Schienenwegen zwischen den Wasserstraßen und den Arbeitsstätten eines Werkes können weder Rohprodukte verarbeitet, noch fertige Produkte verschickt werden. Unmöglich ist es endlich, beim Schiffsverkehr Einrichtungen zu treffen, daß die Rohmaterialien ihre Entladung durch die eigene Schwere selbst besorgen; eine künstliche Entladevorrichtung und dementsprechender Kraftverbrauch lassen sich nicht vermeiden.

Im Verhältnis zu den Wasserstraßen erfüllen die Eisenbahnen die Aufgabe bequemen Gütertransportes vollkommener. Bei dem heutigen Stande der Eisenbahntechnik ist man in der Lage, mit ihnen direkt an die Gewinnungsstellen der Rohmaterialien heranzukommen und diese ohne Umladung bis zu ihrem Endziele an der Verarbeitungsstelle zu transportieren. Wo günstige Bedingungen zur Entwicklung einer Industrie vorhanden sind, dorthin vermag die Eisenbahn die zu verarbeitenden Stoffe auch zu bringen, und zu jeder Jahreszeit kann der Betrieb aufrecht erhalten werden.

Was das Anlagekapital betrifft, so bedarf es keiner besonderen Nachweisung, daß künstliche Wasserstraßen — und um diese handelt es sich im Vergleich mit Eisenbahnen besonders — weitaus höhere Baukosten erfordern als Schienenwege. Sind diese Kosten für Kanäle in der Ebene schon außerordentlich hoch, so erreichen sie in schwierigem Gelände geradezu eine unwirtschaftliche Höhe, wenn es technisch überhaupt möglich ist, in höher gelegenem Terrain durch Zusammenfassung aller möglichen Zuflüsse die nötigen Wassermassen zum Kanalbetriebe zu bekommen.

Nach der Statistik des Reichs-Eisenbahnamtes von 1902/03 betrugen die effektiven kilometrischen Baukosten der vereinigten preußischen und hessischen Staatsbahnen ohne Betriebsmittel rund 206 000 Mark; die kilometrischen Herstellungskosten für den Schiffahrtkanal vom Rhein nach Hannover dagegen sind auf der westlichen Strecke, im Industriegebiet, zu 1 365 000 Mk., auf der östlichen Strecke zu 480 000 Mk. pro Kilometer veranschlagt.

In bezug auf die Transportgebühren sind die Wasserstraßen den Eisenbahnen überlegen; aus der Verschiedenheit der Tarife, welche beim Verkehr auf Wasserstraßen und Eisenbahnen erhoben werden, darf aber nicht ohne weiteres gefolgert werden, daß im gleichen Verhältnis auch die Selbstkosten zueinander stehen. Einerseits muß, wie schon vorher bemerkt, der Schiffahrtsbetrieb mit einer höheren Gewinnquote rechnen, weil er nicht das ganze Jahr ausgeübt werden kann, anderseits aber sind die finanziellen Anforderungen an Verzinsung des Anlagekapitals und Aufbringung der Verwaltungskosten bei beiden Transportwegen heute grundverschieden. Seit Jahrzehnten wird bei den öffentlichen Wasserstraßen auf eine angemessene Rente und Amortisation des Anlagekapitals verzichtet. Es werden nicht nur die natürlichen, sondern auch die künstlichen Wasserstraßen unentgeltlich dem Schiffahrtsbetriebe zur Verfügung gestellt, und die vereinzelt noch erhobenen Abgaben reichen nicht einmal zur Bestreitung der für die Unterhaltung erforderlichen Aufwendungen hin. Bei den Eisenbahnen dagegen wird auf größtmögliche Rente hingearbeitet — im Geschäftsjahr 1902/1903 sind 6,56 % des aufgewendeten Anlagekapitals bei den preußisch-hessischen Staatsbahnen erzielt worden —, und überdies sind dieselben zu ausgiebigen unentgeltlichen Leistungen für die Post-, Zoll- und Militärverwaltung verpflichtet. Würden bezüglich der Rentabilität an die Wasserstraßen gleiche Anforderungen wie an die Eisenbahnen gestellt werden, und würde man dementsprechend die Tarife bilden, so fiele ohne Zweifel dieses Exempel zugunsten der Eisenbahnen aus.

So verschieden in technischer Beziehung künstliche Wasserstraßen und Eisenbahnen sind, ebenso verschieden hat sich der Betrieb auf beiden Verkehrsmitteln entwickelt. Von vornherein war der Verkehr auf den Wasserstraßen freier als der Eisenbahnverkehr. Jedem Interessenten konnte und kann es noch heute auf der Wasserstraße überlassen bleiben, seinen jeweiligen Transport mit eigenem Fahrzeuge selbst zu bewirken, während auf der Eisenbahn im heutigen Betriebe dies ganz unmöglich ist. Die natürliche Folge hiervon war, daß die Ausgestaltung der Transportgefäße beim Wasserstraßenverkehr in den Willen des Betriebsführers gelegt wurde, dagegen beim Eisenbahntransport der Bahnverwaltung überlassen blieb.

Seiner Bauart nach ist das Schiff für die Beförderung von Massengütern am besten geeignet, während die Eisenbahnwagen dem Kleingutverkehr sich besser anpassen. Eine Freiheitsbeschränkung des Betriebes auf den Wasserstraßen, die sich meist auf große Länge ohne viele Abzweigungen erstrecken, braucht nicht tief in diesen einzugreifen, es genügt die Aufsicht durch die Wasserpolizei. Die Engmaschigkeit des Eisenbahnnetzes dagegen weist den Bahnen weitaus vielseitigere Aufgaben zu, und durch diese werden komplizierte Betriebseinrichtungen erforderlich. Der Verkehr auf den Eisenbahnen ist in seiner Öffentlichkeit so vielgestaltig, daß es schematischer Reglementierung bedarf, um eine glatte und sichere Abwicklung zu gewährleisten. Diese Mannigfaltigkeit der Aufgaben, welche die Eisenbahnen zu erfüllen haben, hat auch in technischer Beziehung zu einer viel mehr ins Einzelne gehenden Ausgestaltung aller Teile der Eisenbahnanlagen führen müssen, als dies bei Wasserstraßen erforderlich ist. Die Aufgabe, Personen- und Güterzüge mit ihren verschiedenen Geschwindigkeiten auf demselben Gleis befördern zu müssen, macht die Einteilung der Bahnlinien in betriebssichere Abschnitte notwendig, zu deren Überwachung ein sorgsam ausgebildetes Personal gehört und feste Vorschriften zur genauesten Regelung des Dienstes gegeben werden müssen. Hierzu kommt, daß fast jeder Zug Fahrzeuge und Güter zu befördern hat, deren Endziele meist außerordentlich verschieden sind; bei jeder abzweigenden Bahnlinie muß daher eine Trennung und Neuordnung nach den verschiedenen Transportrichtungen vorgenommen werden, und dies erfordert kostspielige Rangieranlagen, bei großem Verkehr sogar umfangreiche, selbständige Rangierbahnhöfe. Beim Verkehr auf Wasserstraßen sind diese Schwierigkeiten nicht vorhanden, und die Betriebseinrichtungen können einfachster Art sein. Jedes Fahrzeug bildet für sich ein ganzes in der Hand seines Führers. Entsprechend dieser Verschiedenheit im Betriebe ist daher der Verwaltungsapparat für den Verkehr auf Wasserstraßen auch weitaus einfacher als im Eisenbahnbetriebe, und die dadurch entstehenden Kosten sind minimale gegenüber den Personalkosten des Eisenbahnbetriebes.

Aus den vorstehenden Erörterungen über die vorhandenen Verkehrswege geht hervor, daß weder die Wasserstraßen, noch die Eisenbahnen in ihrer heutigen Gestalt allen Anforderungen an den Massengütertransport für unsere Großindustrie Genüge leisten können. Die für eine gesunde Entwicklung der Großindustrie wichtige Platzfrage wird durch Wasserstraßen nicht gelöst, diese Aufgabe fällt vielmehr den Eisenbahnen zu. Ebensowenig ist man mit Wasserstraßen in der Lage, den wechselnden Phasen der Ausgestaltung industrieller Arbeitsstätten schnell und leicht zu folgen. Vor allen Dingen aber muß ein für die Großindustrie geeignetes Verkehrsmittel sich leicht jeder erforderlichen Erweiterung und jedem Umbau der Werke anpassen lassen, und dies ist nur durch Schienenwege zu erreichen. Auf dem Gebiete des Eisenbahnwesens ist daher nach neuen Mitteln zu suchen, welche es ermöglichen, die vielseitigen Aufgaben der Vereinigung verschiedenster Massengüter an einer und derselben Stelle zu erfüllen. Bei den heutigen Transportpreisen ist eine frachtliche Nachbarschaft der Massengüter nicht in dem Maße zu ermöglichen, wie sie zur Erstarkung unserer Industrie erforderlich ist.

II. Bisherige Bestrebungen zur Verbilligung von Massentransporten.

Bei den Eisenbahnen sind bereits seit mehr als zwei Jahrzehnten Bestrebungen im Gang, welche auf Verbilligung der Transporte von Massengütern hinzielen. Immer von neuem ist der Versuch gemacht, aus dem Schema, in welches die Eisenbahnverwaltungen durch gleichmäßige Behandlung aller Transporte hineingeraten sind, herauszukommen und individuelle Berücksichtigung der Verschiedenheit in den Gütertransporten zu erreichen, denn jede Schematisierung steht einer vorteilhaften Entwicklung auf Einzelgebieten entgegen. Bei den Rohmaterialien für die Großindustrie sind die Massentransporte aber wahrlich so umfangreich, daß sie eine ganz spezielle Beachtung seitens der Eisenbahnverwaltungen verdient hätten, und mit allen Mitteln besondere Betriebseinrichtungen angestrebt werden sollten.

Was bei den ersten Bestrebungen nach billigen Massentransporten herausgekommen war, hat im Jahre 1877 durch Einführung des Reformtarifs einen gewissen Abschluß gefunden. Nach dieser Zeit hat dann die deutsche Industrie einen beispiellosen Aufschwung durchgemacht, dessen Entwicklung noch nicht abgeschlossen ist, und mit diesem Aufschwung haben auch die Transporte der Rohmaterialien einen entsprechend größeren Umfang erreicht.

Den so veränderten Verhältnissen hat die Tarifbildung sich zwar laufend anzupassen versucht, indessen unterliegt es keinem Zweifel, daß auch die niedrigsten heutigen Tarife noch zu hoch sind, um jedem Druck des Wettbewerbes vom Weltmarkt her in der deutschen Industrie Widerstand leisten zu können.

Die Verbesserung der Betriebseinrichtungen auf den Eisenbahnen aber hat mit der Verkehrssteigerung nicht gleichen Schritt gehalten. Seitdem die auf den Weltausstellungen in Chicago und Paris vorgeführten amerikanischen Einrichtungen zur Bewältigung großen Massenverkehrs für die Industrie von allen Fachleuten als nachahmenswert besprochen wurden, haben Männer wie Schwabe, von

Borries, Glasenapp, Macco u. A. bei jeder Gelegenheit darauf hingewiesen, in welcher Richtung die notwendigsten Verbesserungen der bestehenden Eisenbahnanlagen sich zu bewegen haben, und von keiner berufenen Seite konnte widerlegt werden, daß in einer Vergrößerung der Tragfähigkeit der Güterwagen für Rohmaterialien und in einer Verbesserung der Lade- bezw. Entladevorrichtungen zur Erzielung schnelleren Wagenumlaufs selbst bei beträchtlicher Kapitalsaufwendung für solche Neuerungen greifbare Vorteile liegen. Die Nutzanwendung dieser Anregung ist leider über die ersten Versuche bei keiner deutschen Eisenbahnverwaltung hinausgekommen. Eine Verbesserung jedoch, welche praktisch richtig ist, darf der Entwicklung, welcher sie dient, nicht folgen, sondern soll derselben vorangehen und ihr neue Wege bahnen.

Wie wichtig die Unterstützung der Großindustrie durch billige Transportpreise ist, zeigt das Beispiel der Pittsburg, Bessemer and Lake Erie-Eisenbahn, über welche in einem Vortrage des Ingenieurs Macco, veröffentlicht in der Zeitschrift Stahl und Eisen 1903, interessante Angaben gemacht sind. In diesem Vortrage wird ausgeführt, daß die amerikanischen Transportpreise nicht unerheblich niedriger als die Sätze des deutschen Rohstofftarifs sind, und es wird der Schluß gezogen, daß die Beherrschung des in Frage kommenden Transportwesens durch die mächtige United States Steel Corporation für die gesamte Eisenindustrie einen Machtfaktor in sich schließt, welcher auch unsere eigene wirtschaftliche Lage gefährden kann.

Bei diesem amerikanischen Beispiel sind die gesamten Bahnanlagen fast lediglich auf den Massengütertransport zugeschnitten, und es sind dadurch auf eingleisiger Bahn Leistungen erzielt worden, welche unsere heimischen zweigleisigen Eisenbahnen nicht zu erreichen imstande sind, solange an dem bisherigen System, auf denselben Gleisen Personen- und Güterverkehr zu bewältigen, festgehalten wird. Zwar sind schon jetzt bei einigermaßen starkem Güterverkehr auf den Bahnhöfen die Abfertigungsgleise für Personen- und Güterzüge getrennt, und es werden auf der freien Strecke Personen- und Güterzüge für sich befördert. Diese Trennung genügt jedoch nicht: Zur Erzielung größter Leistungsfähigkeit muß auf stark befahrenen Strecken nicht nur die Trennung von Personen- und Güterverkehr durchgeführt sondern es müssen dem Massengüterverkehr auch besondere Gleise zugewiesen werden, d. h. in der Richtung der stärksten Güterbewegung sind Schleppbahnen notwendig. Nicht aber die Leistungsfähigkeit allein wird durch solche Bahnen erhöht, sondern bei entsprechender

Ausgestaltung der Betriebsweise wird es auch möglich sein, billigere Transportkosten zu erzielen.

Unter diesen Gesichtspunkten wird die Konzessionierung solcher Bahnen nicht auf der Basis des Eisenbahngesetzes von 1838 erfolgen dürfen, sondern es werden die Bestimmungen des Kleinbahngesetzes Anwendung finden müssen. Letzteres ist in seinen Anforderungen an den Betrieb mehr dem gewerblichen Charakter solcher Bahnen angepaßt und gewährleistet durch seine weniger starren gesetzlichen Vorschriften eine freiere Entwicklung aller Zweige des Unternehmens, als dies bei Eisenbahnen möglich ist, welche gemäß dem Gesetze von 1838 in allen Grundzügen des Baues und Betriebes durch Bundesratsbestimmungen festgelegt sind.

Der Betrieb durch den Staat ist denkbar, sofern er nach den oben ausgesprochenen industriellen Grundsätzen erfolgen kann.

III. Technische Ausgestaltung der Güterbahn.

In baulicher Beziehung wird jede Güterbahn, welche, entsprechend ihrem Charakter, auf Verbilligung aller Ausgaben hinarbeitet, sich allen bereits bestehenden Güterabfertigungsanlagen nach Möglichkeit anzupassen haben, ohne große Abänderungen an diesen zu verlangen. Anderseits darf bei der technischen Ausgestaltung aller Einzelheiten nie übersehen werden, daß es sich hier um ganz außerordentlich umfangreiche Massentransporte handelt, zu deren Bewältigung alle denkbaren mechanischen Hilfsmittel in den Dienst des Unternehmens gestellt werden müssen, und daß an allen Teilen leichte Erweiterung und Vervollkommnung möglich sein muß. Nicht eine geringe Höhe des Anlagekapitals wird für die Rentabilität der Bahn ausschlaggebend sein, sondern die möglichste Einschränkung aller laufenden Betriebskosten.

Als Spurweite der Bahn wird unter diesen Umständen nur die in Deutschland geltende Normalspur in Frage kommen, denn jede Umladung der zu befördernden Güter muß vermieden werden, und alle Betriebsmittel müssen auf die mit der Bahn in Berührung tretenden normalspurigen Eisenbahngleise ohne weiteres übergehen können. Ebenso wird für alle Einzelheiten der Bahnanlagen das Normalprofil des lichten Raumes dasselbe sein müssen, wie bei den Eisenbahnen mit gleicher Spurweite. Für die Fortbewegung der Fahrzeuge wird am vorteilhaftesten Elektrizität als Kraftquelle angewandt werden können, denn elektrischer Antrieb gestattet die Zentralisierung der Krafterzeugung, die sich dem dezentralisierten Lokomotivbetrieb gegenüber verbilligt, und vereinfacht den Fahrdienst.

Im Unter- und Oberbau wird die Güterbahn von vornherein zweigleisig auszubauen sein, und auf weitere Gleise neben diesen wird, vor allem in den Industriegebieten, beim Grunderwerb Bedacht genommen werden müssen. Wegeübergänge sind nach Möglichkeit zu vermeiden, jedenfalls werden alle lebhaft befahrenen Wege schienenfrei über oder unter der Bahn durchzuführen sein; wo aber die Ausgaben für diese Bauwerke nicht sofort aufgewendet zu werden brauchen, muß wenigstens der Grunderwerb für das fertige Projekt gleich mit erledigt werden. Alle Brücken müssen für die schwersten denkbaren Lastenzüge berechnet werden. Ebenso muß der Oberbau äußerst stabil und stark konstruiert werden.

Besondere Sorgfalt wird der Bauart und Ausstattung aller Betriebsmittel zuteil werden müssen. Ob man Motorwagen, mit denen gleichzeitig die Beförderung gewöhnlicher Güterwagen als Anhängewagen bewirkt werden kann, oder ob man Lokomotiven in Betrieb stellt, wird lediglich eine Frage praktischer Erwägung sein. Möglicherweise werden große industrielle Werke, welche ihre Rohmaterialien im Pendelverkehr zwischen Gewinnungs- und Verarbeitungsstellen zu befördern haben, und die ihr Zugpersonal selber stellen, die erstere Zugförderungsart wählen, während für weniger regelmäßigen Verkehr allgemein der Lokomotivbetrieb eingeführt wird. Jedenfalls müssen alle Betriebsmittel so eingerichtet sein, daß sie nicht nur auf der eigenen Bahnstrecke verkehren, sondern in jeden Eisenbahnzug auf benachbarten Strecken einrangiert werden können. Mit durchgehender Bremsleitung wird jeder Wagen auszustatten sein, und die große Mehrzahl wird Bremsen haben müssen.

Was die Größe der Fahrzeuge betrifft, so unterliegt es keinem Zweifel, daß erhebliche Vorteile in der Verwendung möglichst großer Wagen für den Massengütertransport liegen. Hierüber liegen praktische Erfahrungen bei dem bereits erwähnten Beispiel der Pittsburg, Bessemer and Lake-Erie Eisenbahn vor, und in Amerika ist diese Erkenntnis bereits zum Allgemeingut geworden. Auch bei uns kann sich heute kein Betriebstechniker solchen Erfahrungen gegenüber ablehnend verhalten; und wenn schon seitens der Eisenbahnverwaltung bis jetzt nur eine geringe Anzahl großer Wagen beschafft ist, so wird man doch bei der neuen Bahn dem Charakter derselben dahingehend Rechnung zu tragen haben, daß lediglich mit großen Wagen von hoher Tragfähigkeit gerechnet zu werden braucht. Daß man in dieser Beziehung nicht erst eine geringe Erhöhung der Tragfähigkeit gegenüber den bisher im allgemeinen Verkehr umlaufenden Wagen anstreben sollte, beweisen die amerikanischen Erfahrungen, nach welchen man dort fast durchweg bei Neubeschaffungen zur Tragkraft von 40 bis 50 t übergegangen ist.

In dieser Hinsicht wird für Massengüter nur der zulässige Raddruck der Wagen die Grenze vorschreiben, und es werden dabei die ministeriellen Vorschriften, welche für die Tragfähigkeit eiserner Brücken in Preußen erlassen sind, Beachtung finden müssen. Diese aus dem Jahre 1903 stammenden Vorschriften setzen das Maß von 13 t für Wagenachsdrücke und 17 t für Maschinenachsdrücke fest. Bei Drehgestellen mit zweimal 2 Achsen wird also die Gesamtlast 4 . 13 = 52 t betragen dürfen. Rechnet man nun entsprechend den amerikanischen Erfahrungen mit einem Verhältnis von 1 : 3 bei den Beziehungen zwischen Wagengewicht (Tara) und Ladegewicht (Netto), und läßt man einen angemessenen Spielraum für Überschreitung des Normalladegewichtes zu, so würden die vierachsigen Drehgestellgüterwagen 36 t Normalladegewicht haben dürfen.

Hand in Hand mit hoher Tragfähigkeit der Wagen für Massengüter muß selbstverständlich eine zweckentsprechende Ausgestaltung der Be- und Entladevorrichtungen gehen, denn nicht geringe Schuld an hohen Tarifen haben die meist noch sehr primitiven Umschlagseinrichtungen, welche den Wagenumlauf ganz außerordentlich verzögern. Der finanzielle Wert, welchen überall verwendbare, schnell und leicht funktionierende mechanische Umschlagseinrichtungen haben, macht es wahrscheinlich wünschenswert, daß Spezialisten auf dem Gebiete des Wagenbaues sich mit zuständigen Betriebstechnikern vereinigten, um auf diesem seit Jahrzehnten stark vernachlässigten Gebiet der Eisenbahntechnik praktisch brauchbare Resultate zu erlangen.

Bei der Beladung der Eisenbahnwagen mit Massengütern hängt die zu erreichende Beschleunigung fast allein von mechanischen Vorrichtungen, Schüttrinnen usw. ab; hier hat die Eigenart des Wagenbaues wenig Bedeutung. Bei der Entladung von Massengütern dagegen steht die letztere im Vordergrunde des Interesses. Auf diesem Gebiete sind zwar vereinzelte erfolgreiche Bestrebungen bei uns zu verzeichnen, eine allgemeine Einführung ist aber bei keiner Konstruktion erreicht.

Alle Entladevorrichtungen, welche bisher zur Ausführung gelangt sind, beruhen entweder auf der Anbringung von Bodenklappen an den

Wagenkasten oder auf Kippvorrichtungen für ganze Wagen, welche bewegliche Seiten- bezw. Kopfborde haben. Bei der Verwendung von Bodenklappen hat man den Vorteil, daß eine Reihe von hintereinander stehenden Wagen gleichzeitig entladen werden kann, weil das Gleis nicht unterbrochen zu werden braucht, und daß keine besondere Kraft zur Entleerung erforderlich wird; die hohen Pfeilerbahnen, welche für Verwendung von Bodenklappen notwendig sind, schränken aber die Verwendungsfähigkeit dieser Wagenkonstruktion erheblich ein, denn nur selten steht der genügende Platz zum Bau von Pfeilerbahnen und zur Gleisentwicklung vor denselben zur Verfügung. Bei den Kippvorrichtungen anderseits kann immer nur ein Wagen zur Zeit entleert werden, es ist dabei eine Gleisunterbrechung nicht zu vermeiden, und kostspielige Maschinen sind erforderlich, um den erheblichen Kraftaufwand zur vertikalen Bewegung des Wagens zu leisten.

Nun zeigt das Beispiel der bei Feldbahntransporten allgemein üblichen Muldenkippwagen, die mit feststehendem Untergestell und nachkippendem Obergestell konstruiert sind und die mit großer Einfachheit, Leichtigkeit und Geschwindigkeit sich entleeren lassen, daß mit solcher Konstruktion bei der Beförderung von Rohmaterialien, Erde, Erz, Kohlen usw. ganz außerordentlich vorteilhaft gearbeitet wird. Sollte es da bei dem heutigen Stande der Technik unmöglich sein, unter Wahrung der Anforderung an die Sicherheit des Betriebes im öffentlichen Verkehr gleiche Vorteile bei großen Eisenbahnwagen zu erreichen? Es würde diese Konstruktion den Bodenklappen gegenüber die Pfeilerbahn ersparen und geringere Höhe zwischen dem Materiallagerplatz und der Schienenoberkante erfordern. Den Kippvorrichtungen für ganze Wagen gegenüber ist die Hebung des Wagenuntergestelles nicht erforderlich, und es fällt die Gleisunterbrechung an der Entladestelle fort, so daß auch hier der Vorteil der gleichzeitigen Entladung einer ganzen Wagenreihe erreicht wird.

Welche Vorteile im ganzen mit der Einführung von Wagen großer Tragfähigkeit und gleichzeitig mit Verbesserung der Güterumschlagseinrichtungen zu erreichen sind, ist von Fachleuten bereits so oft hervorgehoben, daß sich ein Eingehen auf die Einzelheiten hier erübrigt. In der Broschüre des Geheimen Regierungsrats Schwabe „Über die Ermäßigung der Gütertarife auf den Preußischen Staatsbahnen“, Berlin 1904, ist der Einfluß derartiger Maßnahmen auf die Betriebsergebnisse der Eisenbahnen zutreffend gewürdigt. Verminderung der Beschaffungs- und Unterhaltungskosten pro Tonne Ladegewicht, Verringerung des Wagenbedarfs, Verkürzung der Zuglänge und Verbilligung der Zugförderungskosten sind die Vorteile, welche aus dem günstigeren Verhältnis zwischen Eigen- und Ladegewicht, sowie zwischen Ladegewicht und Wagenlänge infolge Erhöhung der Tragfähigkeit herzuleiten sind. Beschleunigung des Wagenumlaufes und damit Ersparnis an Zeit und Arbeitslohn werden bei Verbesserung der Güterumschlagseinrichtungen erzielt. —

Die Bahnhofsanlagen der Güterbahn werden auf ein geringes Maß beschränkt werden können. Nur die Knotenpunkte, in denen Zweiglinien, Anschluß- oder Übergabegleise mit der Bahn in Verbindung stehen, sind als Betriebsstationen notwendig, da Überholungen und Kreuzungen von Zügen nicht vorkommen.

Auf Bahnhöfen für Umschlagsverkehr wird es sich empfehlen, neben den Ladegleisen breite Lagerflächen anzuordnen, auf welche man die Massengüter kippen kann, so daß die Wagen schnell entleert sind und zu weiterer Verwendung vom Ladegleis wieder abgeholt werden können, bevor noch das Gut vom Empfänger abgefahren ist. Diese Einrichtung verdient gegenüber der jetzt fast allgemein üblichen Abholung des Gutes vom Eisenbahnwagen weit größere Beachtung, als ihr bisher zuteil geworden ist. Außer dem Vorteil des erheblich schnelleren Wagenumlaufs kann man dabei erreichen, daß neben e i n e r Wagenlänge des Gleises auf dem Lagerplatz das Gut mehrerer Wagen genügend Raum findet, wenn die Aufstapelung mehr in die Breite geht. Es können überdies die beiden Seiten eines einfachen Ladegleises ausgenutzt werden, indem in schneller Folge hintereinander von derselben Stelle des Ladegleises aus einmal nach rechts, das andere Mal nach links gekippt wird. Auf gleicher Ladegleislänge wird man daher eine mehrfache Leistung gegenüber den jetzigen Einrichtungen erreichen, und dieser Umstand ist bei beschränktem Raum und hohen Preisen des Grund und Bodens von außerordentlicher Bedeutung. Nicht für Massengüter allein sind diese Erwägungen maßgebend, sie gelten für alle Güter, die auf offenen Wagen zu befördern sind, nur muß bei Gütern, die das Stürzen nicht vertragen können, mit Kranen gearbeitet werden. — Als besonderer Fall wäre bei den Stationsanlagen noch zu erwähnen, daß es sich als zweckmäßig erweisen kann, an denjenigen Knotenpunkten, wo Eisenbahnen mit schwachem Oberbau anschließen, Umladeeinrichtungen vorzusehen, durch welche die Betriebsmittel zum Teil entladen werden können und ihr Raddruck auf das für den schwachen Oberbau zulässige Maß reduziert wird.

Den Bahnhöfen werden im Fall elektrischen Betriebes auch die elektrischen Zentralstationen und diesen die Werkstätten anzugliedern sein. In welchen Abständen diese zu erbauen sind, kann nur von Fall zu Fall festgesetzt werden.

IV. Linienführung.

Für die Linienführung einer solchen Güterbahn wird man, entsprechend ihrer Bestimmung als Güterbahn ohne Personenverkehr, besondere Gesichtspunkte aufstellen müssen, wenn auch bei der Tracierung im Gelände dieselben Grundsätze zu beachten sein werden, wie bei Eisenbahnen. Industrielle Werke liegen meist in größeren aber zerstreuten Komplexen zusammen, es wird daher nicht gut möglich sein, mit den durchlaufenden Gleisen alle an einem Platz bestehenden Werke zu erreichen. Ferner wird man in zusammengedrängte Baukomplexe mit der durchgehenden Bahn nicht eindringen können, weil nicht jede Straße schienenfrei gekreuzt werden kann und es muß daher die Vermittlung des Wagenverkehrs zwischen den Werken bezw. größeren öffentlichen Güterbahnhöfen und der Bahn besonderen Anschlußgleisgruppen überlassen werden. Auf Dörfer und kleine Städte braucht bei der Wahl der Linie keine Rücksicht genommen zu werden, es wird daher die Durchführung der Bahn durch gebirgiges Terrain technisch leichter zu ermöglichen sein. Anderseits hat man an jeder geeigneten Stelle mit der Entwicklung von neuen Industrien zu rechnen und wird bei jedem schiffbaren Wasserlauf, sowie in gut bevölkerten Gegenden die Linie so zu führen haben, daß an sie mit geringen Kosten Fabrikgleise angeschlossen werden können.

In erster Reihe wird die Güterbahn Gegenden zu durchziehen haben, in denen große Industrien sich konzentrieren; das Rheinisch-Westfälische Industriezentrum ist daher für sie dasjenige Gebiet, von welchem sie ausgehen muß. Hier hat sie nicht nur die Aufgabe, billige Tarife für die Industrien zu erzielen, sondern sie dient auch zur Entlastung der Eisenbahnlinien, welche bereits an der Grenze ihrer Leistungsfähigkeit angekommen sind. In diesem Industriegebiet bewegt sich der Verkehr zum weitaus größten Teil in westöstlicher Richtung, die Bahn wird daher ebenfalls in dieser Richtung verlaufen müssen. An sie sind dann von nahen Werken und Zechen beiderseits direkte Anschlußgleise heranzuführen und ebenso werden die größeren Eisenbahnstationen auf kürzestem Wege mit der Güterbahn in Verbindung zu bringen sein, damit der Längstransport auf den Eisenbahnen quer nach ihr abgelenkt werden kann. Genügt in diesem Gebiet eine Linie nicht, so kann die Güterbahn mehrgleisig ausgeführt werden, indem der aus Süden kommende Verkehr von dem aus Norden kommenden getrennt und für jeden ein besonderes Gleispaar angelegt wird.

In westlicher Richtung wird vom Rheinisch-Westfälischen Industriezentrum aus die Güterbahn bis an den Rhein zu bauen sein. Vom Rheinufer zwischen Duisburg und Ruhrort ausgehend wäre die Linie ostwärts zwischen Oberhausen und Mühlheim hindurchzuführen, dann nördlich von Essen in Richtung auf Gelsenkirchen, und weiterhin müßte sie nördlich von Bochum aus die Richtung auf Dortmund verfolgen. Dort ist der Schiffahrtskanal zu überschreiten und in weiterem Verlauf die Bahn nordwestlich nach Hamm zu tracieren.

Ostwärts vom Rheinisch-Westfälischen Industriegebiet hat die Bahn die Aufgabe, zur Dezentralisation der Industrie Gelegenheit zu schaffen, gleichzeitig aber auch die größten Verbrauchsstätten und Industriezentren Mittel- und Norddeutschlands mit dem westlichen Kohlen- und Industriegebiet zu verbinden. Von Hamm ist die Bahn daher zwischen Bielefeld und Osnabrück hindurch, dann an das Obernkirchener Steinbruch- und Kohlenrevier heran, und demnächst nach Hannover zu führen. Von hier wird eine Abzweigung nach Hamburg vorteilhaft sein. Die Hauptlinie muß indessen nach Braunschweig und durch das dortige Braunkohlengebiet in Richtung auf Magdeburg weitergeführt werden, dann über Brandenburg nach Berlin. Eine südliche Zweiglinie von Magdeburg über Staßfurt und Halle nach Leipzig ist ebenfalls zu empfehlen.

Die Länge dieser Linie beträgt rund:

Vom Rhein bis zum Kanal bei Dortmund	55 km
von Dortmund bis Hamm	30 „
das sind zusammen im Rheinisch-Westfälischen Industriegebiet	85 km
Von Hamm über Hannover und Magdeburg bis Berlin	475 „
die Zweiglinie Hannover-Hamburg	140 „
die Zweiglinie Magdeburg-Leipzig	125 „
das sind zusammen östlich des Industriegebiets	740 km

V. Schlußfolgerungen.

Von Interesse wird es sein, die Güterbahn in Vergleich zu bringen mit dem Schiffahrtskanal vom Rhein nach Hannover.

Im westlichen Industriegebiet betragen die kilometrischen Baukosten der Wasserstraße 1 365 000 Mk., diejenigen der Güterbahn 428 000 Mk.; östlich vom Industriegebiete stehen ebenso 480 000 Mk. dem Betrage von 265 000 Mk. gegenüber. Trotz dieses Unterschiedes in der Höhe des Anlagekapitals aber besitzt die Güterbahn eine weitaus größere Leistungsfähigkeit, als die Wasserstraße. Der Unterschied in der Leistungsfähigkeit verschiebt sich noch mehr und mehr zu gunsten der Bahn, wenn längere tägliche Betriebsdauer bezw. Nachtdienst eingeführt wird, denn die Sicherheit des Betriebes ist bei der Güterbahn eine weitaus größere, als auf der Wasserstraße. Einesteils ist es unmöglich, ein Wasserfahrzeug mit Bremseinrichtungen wie ein Bahnfahrzeug auszurüsten und andernteils bewegen sich die Bahnfahrzeuge zwangläufig auf Schienen, können also ungefährdet auf zweigleisiger Strecke mit unverminderter Geschwindigkeit aneinander vorbeifahren, während die Wasserfahrzeuge zur Nachtzeit besonders geschickter Führung und ganz langsamer Fahrt im Kanal bedürfen, wenn Kollisionen vermieden werden sollen.

Zwar haben Schiffahrtskanäle vor allen anderen künstlichen Verkehrswegen den Vorzug, daß die Traktionskosten auf ihnen sich am billigsten stellen, doch ist dieser Vorteil nur bei ganz langsamer Fahrt von Bedeutung, denn eine schnelle Fortbewegung der Fahrzeuge in Schiffahrtkanälen hat so schwerwiegende Nachteile für die Uferbefestigung, die Erhaltung der Kanalsohle usw. im Gefolge, daß ein Überschreiten ganz geringer Geschwindigkeiten untunlich wird. Bei schneller Fahrt wächst wie bei jedem anderen Fahrzeuge auch der Schiffswiderstand im allgemeinen mit dem Quadrate der Geschwindigkeit, und die geleistete Arbeit mit der dritten Potenz derselben.

Durchweg gelten dieselben Vorteile, welche früher für die Eisenbahnen gegenüber den Wasserstraßen nachgewiesen sind, auch für die Güterbahn, und erwägt man noch ihre bessere Rentabilität, so liegt der wirtschaftliche Vorzug der Güterbahnen vor den Wasserstraßen auf der Hand.

Gelegentlich der Vorlage des Kanals vom Rhein nach Hannover ist nun von den Vertretern der Staatsregierung nachgewiesen worden, daß die Eisenbahnen im Industriegebiet Rheinland-Westfalens überaus stark belastet sind, und daß schon jetzt der Zeitpunkt berechnet werden kann, zu welchem dieselben den Verkehr nicht mehr bewältigen können. Bereits im Jahre 1899 hat der beste Kenner dieser Verhältnisse, Herr Eisenbahndirektionspräsident Todt in Essen, die durch das stetige Wachsen des Verkehrs sich verschlimmernden Verhältnisse beleuchtet, und seitdem ist der Verkehr noch weiter im Steigen begriffen. Schon jetzt wird daher seitens der Eisenbahnverwaltung an durchgreifende äußerst kostspielige Erweiterung der Bahnanlagen gedacht. Inzwischen ist dem Landtage die Vorlage des Schiffahrtskanals vom Rhein nach Hannover zugegangen, aber auch dessen Leistungsfähigkeit wird nicht auf die Dauer ausreichen, um die Eisenbahnen genügend zu entlasten. Bei einfachem Tagesbetriebe besitzt dieser Kanal eine Leistungsfähigkeit von 10 Millionen Tonnen, welche sich im Tag- und Nachtbetriebe auf 16 Millionen Tonnen steigern läßt, und diese würde auf lange Jahre hinaus genügen, wenn die Eisenbahnen dem ihnen verbleibenden, ebenfalls stetig steigenden Verkehrsteil sich leicht anpassen könnten. Die Steigerung des Eisenbahnverkehrs ist aber eine weitaus umfangreichere noch als die des demnächstigen Kanalverkehrs, und in kurzem Zeitraum wird daher wiederum das Bedürfnis einer Entlastung der Eisenbahnen im westlichen Industriegebiet sich fühlbar machen. Jede derartige Erwägung weist auf den Bau der Güterbahn hin, die an Leistungsfähigkeit, Rentabilität und Sicherheit des Betriebes der Wasserstraße so weit überlegen ist, daß es angezeigt sein würde, von vornherein statt des Schiffahrtskanals die Güterbahn zu bauen.

Alle Industrien bedürfen zu ihrer Entwicklung billigster Transporte ihrer Rohmaterialien und billigster Erreichung ihrer Absatzgebiete. Sie verarbeiten vielfach gleichartige Rohstoffe — auf Kohle ist jede Industrie angewiesen —, und so bringt die Abhängigkeit von der Gewinnungsstelle der Rohprodukte es mit sich, daß dort, wo die wertvollsten Rohmaterialien dicht beieinander liegen, auf engem Raum die größten Industrien zusammengedrängt sind. Die Erweiterung der Werke wird häufig durch beschränkte Raumverhältnisse dort so kostspielig, daß meist nicht alle Vorteile in der Fabrikation ausgenutzt werden können, und die Zweckmäßigkeit neuer Anlagen darunter leiden muß. Jedem Gut kommt entsprechend seiner Verwertbarkeit eine bestimmte Peripherie zu, welche es um seinen Gewinnungsort herum beherrscht. Dieser Umkreis vergrößert sich durch jede Verbesserung einer Transportgelegenheit, und längs der billigsten Verkehrswege wird der Verwendungsbereich des Gutes sich am weitesten ausdehnen. Wie in der folgenden Skizze schematisch dargestellt, wird ein Gut, welches um seinen Gewinnungsort A herum bis zu den Plätzen B, C und D verwendbar war, auch noch im Bereich der Plätze E, F, G und H auszunutzen sein, und ebenso jeder dieser Orte mit jedem anderen in engere Berührung gebracht, wenn zwischen A und H ein billiger Transportweg besteht, von welchem nach den Zwischenorten E, F und G Seitenlinien abzweigen. Auf diese Weise kann bei-

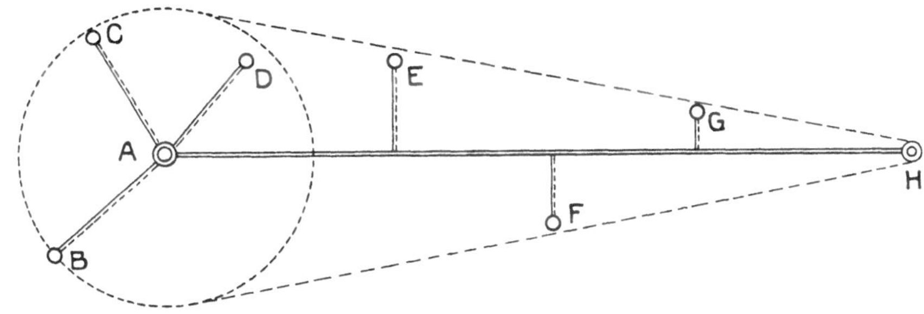

spielsweise der Braunkohle ein weitaus größeres Anwendungsgebiet zugewiesen werden, Sand, natürliche und künstliche Steine, kurz alle billigsten Rohmaterialien, werden sich neue Absatzgebiete erobern, und viele Bodenschätze, welche zurzeit nicht verwertet werden können, weil sie allein an Ort und Stelle nicht zu verarbeiten sind, werden in den Bereich der Industrie gezogen, wenn auf der Güterbahn die frachtliche Nachbarschaft der Materialien auf weite Strecken herbeigeführt wird.

Die große allgemeine Hebung des Güterverkehrs bringt es dann auch mit sich, daß den Eisenbahnen die Konkurrenz der Güterbahn

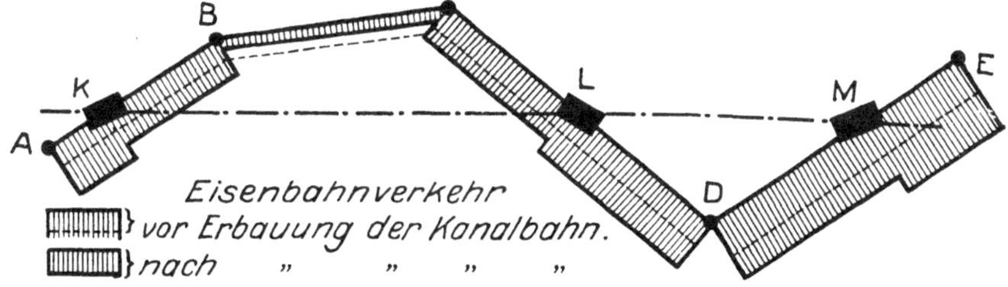

nicht fühlbar werden wird. Wenn beispielsweise, wie vorstehend bildlich dargestellt, eine Bahnlinie A B C D E von der Güterbahn in den Punkten K, L und M geschnitten wird und dort Übergabestationen angeordnet werden, so geht der Verkehr auf der Strecke B C zwar zurück, weil der Durchgangsverkehr von der Güterbahn aufgenommen wird, dagegen werden die Strecken A K, K B, C L, L D, D M und M E erheblichen Verkehrszuwachs erhalten. Im großen und ganzen wird die Eisenbahn dann einen Ausfall nicht haben können.

Ist infolge der frachtlichen Nachbarschaft der zu verarbeitenden Rohmaterialien die Errichtung von Fabriken nicht mehr direkt an die Gewinnungsstellen der Rohmaterialien gebunden, so besteht auch die Möglichkeit der Entwicklung gewinnbringender Industrien in solchen Gegenden, wo Wohlstand und Bevölkerungszahl zurückgehen, und die hierdurch eintretende Wertsteigerung des Grund und Bodens an der ganzen Strecke der Bahn fällt als weiterer wirtschaftlicher Faktor für die Erbauung von Güterbahnen ins Gewicht. Auch der minderwertigste Boden erhält den Wert von Fabrikterrains, da an der Güterbahn allerorts neue Etablissements angelegt werden können. Anderseits entfällt durch die Dezentralisierung der Industrie die ungesunde Zusammendrängung von Arbeitermassen inmitten eng aneinander schließender Fabrikanlagen von selber, und damit wäre gleichzeitig in nutzbringender Weise eine soziale Aufgabe angefaßt, welche bisher nur unvollkommen ihre Lösung gefunden hat.

Faßt man das Ergebnis der vorstehenden Ausführungen in kurze Worte zusammen, so geht die Schlußfolgerung dahin, daß der Bau von Wasserstraßen in west-östlicher Richtung durch Deutschland nicht die wirtschaftlichen Vorteile bringen wird, welche man sich von denselben verspricht. Dazu kommt der Umstand, daß die Flüsse zwischen Rhein und der Oder nicht im Überfluß mit Wasser gesegnet sind, um große Mengen zum Kanalbetriebe abgeben zu können. Trockene Sommer haben drastisch bewiesen, daß in solchen Zeiten selbst für den eigenen Schiffahrtsbetrieb in den mittleren deutschen Flüssen nicht hinreichend Wasser ist. Man lasse daher das Wasser der Flüsse in ihrem natürlichen Laufe und baue diese Wasserstraßen zu solcher Leistungsfähigkeit aus, wie es ihre Zuflüsse irgend gestatten, von Westen nach Osten aber baue man eine Güterbahn und bringe diese in Verbindung mit den regulierten bezw. kanalisierten Flüssen und Strömen. Dann werden Wasserstraßen und Schienenwege am vorteilhaftesten miteinander zur Hebung aller wirtschaftlichen Unternehmungen zusammenwirken.

Additional information of this book

(Massengüterbahnen; 978-3-642-50425-9) is provided:

http://Extras.Springer.com